양자비트와
양자암호

– 컴퓨터와 암호에 일어나고 있는 양자물리학의 혁명 –

북스힐

Quantum Bits and Quantum Secrets

양자비트와 양자암호

– 컴퓨터와 암호에 일어나고 있는 양자물리학의 혁명 –

올리버 모쉬 지음

김말진 · 김경헌 옮김

북스힐

머 리 말

오늘날 과학의 발달로 우리는 점점 양자적인 시대로 진입하고 있다. 근래에 들어와 정보화 기술이 발달함에 따라 컴퓨터와 인터넷은 이미 우리 생활에 없어서는 안 될 중요한 부분으로 보편화되었다. 이에 따라 인터넷을 이용한 각종 정보의 교류에 있어서 보안의 중요성도 나날이 증대되고 있으며, 이 보안 문제를 해결할 새로운 기술이 필요한 상황이다. 이러한 정보 보안 통신의 궁극적인 방안으로 빛 알갱이(광자)의 양자적인 특성과 기묘한 물리적 특성인 얽힘 현상을 이용한 양자암호 기술에 대한 연구가 진행되고 있다. 또한 컴퓨터에 사용되는 핵심 반도체 소자들의 집적 회로 크기가 수십 나노미터급으로 작아짐에 따라 양자효과에 의한 물리적인 특성에 직면하고 있어, 이러한 양자효과를 심각하게 고려해야 하는 상황에 있다. 최근에는 광자뿐 아니라 이온, 원자, 전자들의 양자역학적인 중첩효과를 이용하여 계산 능력이 막강한 양자컴퓨터의 연구가 활발하게 이루어지고 있다. 이러한 시대적인 흐름에 따라 많은 일반 독자를 비롯하여 과학자들 사이에서도 양자통신 및 양자컴퓨터에 대한 호기심이 커져가고 있다.

이 책은 양자암호 통신 및 양자컴퓨터의 기본 원리와 가능성을 간단하면서도 명확하게 설명한 책이라 할 수 있다. 그동안 양자암호 및 양자컴퓨터에 대한 일반 독자를 위한 해설서는 많이 나와 있으나, 대부분의 책들은 일반 독자들이 읽고 나서도 양자암호 및 양자컴퓨터가 정확히 어떤 원리에 의해서 이루어지는지 명확한 이해를 돕는 데 적절하지 않은 점이 있었다.

또한 이 분야의 전문 지식을 배우려는 이공계 학생들도 처음에는 관련 전문 서적이나 논문에서 다루는 내용들이 너무 어려워 기본적인 원리를 포괄적으로 이해하는 데 어려움이 있는 것도 사실이다. 이 책의 저자인 올리버 모쉬는 이러한 분야에서 박사 학위를 가진 전문가로서 이 책을 통해 간단한 수식을 사용하여 양자역학의 기본 원리와 양자암호 및 양자컴퓨터를 실현하는 데 필요한 양자알고리즘을 쉽게 설명하려고 노력한 점이 돋보인다. 약간의 수학적인 지식을 가진 독자는 이 책을 읽음으로써 양자암호와 양자컴퓨터의 기본 원리를 이해하는 데 많은 도움이 되리라고 판단된다.

이 서문을 마무리하면서 이 책의 번역본이 나올 수 있도록 주선해 주시고, 그리고 번역이 지연되는 것을 인내해 주시면서도 빠르게 번역본이 출간되도록 협조를 해주신 (주)도서출판 북스힐 직원 여러분께 심심한 감사의 인사를 드린다.

옮긴이 씀

감사의 말

많은 분들의 노고와 격려 없이는 이 책이 세상에 나올 수가 없었을 것이다. 우선 처음 이 책의 집필부터 탈고에 이르는 3년여 기간 동안 변함없이 믿어주고 뒷받침해준 Wiley-VCH 사의 알렉산더 그로스만(Alexander Grossmann)씨에게 감사를 드린다. 그리고 초창기의 많은 어려움을 이기도록 도와준 안자 체트너(Anja Tschörtner)씨와 작업이 처음 생각한 것보다 더디게 진행되어 특히 원고 마감 시간이 임박해서도 참을성 있게 도와준 에스더 도링(Esther Dorring)씨에게 감사의 말을 전한다.

이 책의 일부를 쓰는 동안 암스테르담에서 보살펴준 나의 형제 앙드레(Andre), 그리고 변함없이 격려하고 용기를 주신 부모님께 감사드린다. 끝으로 내게 지속적인 사랑과 용기를 준 마틸디 콜라토스티(Matilde Colatosti)에게 지면으로만 전하기에는 부족하겠지만, 더없이 무한한 감사를 드린다.

올리버 모쉬(Oliver Morsch)

차 례

01 장

서 론

과연 비밀은 잘 유지될 수 있을까? 여러분이 다른 사람에게 비밀을 전달하고자 할 때 그 비밀은 안전하게 전달될 수 있을까? 여기서 비밀이란 다른 사람의 귀에 속삭여서 전달되는 비밀이 아닌 일상생활에서 늘 사용되면서도 대단히 중요한 비밀을 말한다. 예를 들면 현금지급기에서 사용하는 비밀번호라든가 인터넷 쇼핑 때 필요한 신용카드 번호라든가 이메일 내용 등을 말한다. 여러분이 한 번도 컴퓨터 해킹이나 신용카드 복제와 같은 불행한 일을 당해본 적이 없다면 이런 비밀 보안에 대해 큰 주의를 기울이지 않았을지도 모른다. 게다가 여러분은 양자역학이 대체 이런 비밀 보안과 어떤 연관이 있는 거야 하면서 고개를 갸웃거릴지도 모른다. 이 책은 양자물리학, 컴퓨터, 그리고 양자암호와의 관련성에 대해서 언급하고 있다. 이에 대한 호기심에서 여러분도 이 책을 사게 되었을 것이다. 여러분이 이 책을 거의 다 읽을 무렵이면 이러한 상호관계에 대한 통찰력이 생겨서 컴퓨터, 통신, 정보를 혼동하는 일이 없으리라고 생각된다.

만일 양자라는 개념이 우리들의 생활에서 대체 어떤 역할을 하고 있는가를 묻는다면 여러분은 무슨 대답을 할 수 있을 것인가? 아마 시원스레 대답을 하지 못하고(예를 들면 트랜지스터를 최초로 발명한 사람도 양자역학에 대해서는 한두 가지 사실 정도만 아는 정도라고 둘러대면서) 컴퓨터와 같은 인간 친화적 전자공학의 산물들을 떠올리려고 할지 모른다. 또 레이저에 대해 정확하게는 모른다 할지라도 레이저가 양자역학적인 원리를 이용한 기술이며, 이 기술 없이는 우리의 실생활에서 흔히 보는 콤팩트디스크나 레이저 수술도 불가능하다고 대답할지도 모른다. 양자물리와 밀접하게 연관된 이런 기술들을 열거하자면 실제로 끝이 없다(예를 들어 GPS 항법 기술이나 원자시계와 같은 기술 등 수없이 많다). 사실 우리는 매일 삶을 더 쉽고, 편하고, 안전하고, 즐겁게 만들어주는 양자물리 기술 기반의 장치들을 사용하고 있다. 그리고 향후 양자물리 기술은 더 큰 변혁을 가져올 것이며, 실제로 이 순간에도 진행이 되고 있다.

'양자정보 혁명'은 전 세계적으로 수많은 과학자들에 의해 쉴 새 없이 연구가 진행되는 분야이다. 이제 곧 '양자정보(quantum information)'는 이중 칼날을 가진 보검이라는 것을 알게 될 것이다. 그것은 안전하게 비밀을 전송할 수 있으며 동시에 비밀을 더 강력하게 지켜내는 역할도 한다. 양자물리학을 우연히 접해본 적이 있다면 이중적으로 모순된 면이 동시에 존재하는 현상에 대해 쉽게 이해할 수 있을 것이다. 양자세계에서 입자는 여러 곳에 동시적으로 존재할 수 있다. 양자세계의 입자들은 호수에 일어난 파동처럼 보이기도 하고 또는 작고 딱딱한 구와 같이 행동하기도 한다. 그리고 몇 광년이나 떨어져 있는 두 입자들이 순간적으로 서로 다른 입자의 변화를 감지할 수 있다. 이처럼 기묘한 양자역학의 세계에서는 정말로 안전하게 비밀 메시지를 보내는 것이나 어떤 암호코드라도 깰 수 있는 컴퓨터를 만드는 일이 전혀 놀라운 일이 아니며 오히려 당연해 보인다. 바로 우리가 살고 있는 세계는 경이로움으로 가득 차 있는 것이다.

이 책은 이러한 양자세계의 불가사의한 특성들과 양자물리학이 양자컴퓨터, 암호생성과 해독 장치, 정보화 네트워크를 만드는 데 어떻게 활용되는가에 대해 기술하였다. 그리고 완성된 단계가 아닌, 아직도 진행 중인 양자정보 혁명 이야기로서 양자물리학의 발견부터 최근의 흥미진진한 양자암호에 이르기까지의 역사와 양자효과가 양자암호나 양자컴퓨터에서 어떻게 이용되는지를 다루고 있다. 이론적인 수준에서나마 양자컴퓨터는 현재 존재하는 가장 정교한 슈퍼컴퓨터보다도 상상을 뛰어넘을 정도로 강력한 능력을 지니고 있다. 그렇지만 아직까지는 단지 초보적인 시제품 상태로만 머물 뿐 실생활에 유용하게 쓰일 만큼 개발되어 있지 못하다. 그러나 언젠가 미래에 양자컴퓨터가 만들어진다면 믿기지 않을 정도의 대단한 능력으로 관심의 대상이 될 것이다. 따라서 여러분이 지금까지 양자물리학에 호기심이나 흥미를 느끼지 않았을지라도 이 책을 통해 양자컴퓨터가 어떻게 작동하는지 알게 됨으로써 이 분야에 흥미를 가지게 될 것이다.

필자는 고등학생, 대학생, 호기심 많은 과학적 아마추어들을 대상으로 이 책을 썼다. 비교적 다양한 독자들을 대상으로 한다고 볼 수 있다. 현재 이 분야에는 물리적 배경지식이 거의 없는 독자들을 위해 몇 권의 책들이 나와 있고 물리적 지식이 많은(또는 많이 배우고 싶어 하는) 독자들을 위해서는 이미 많은 책들이 출간되어 있다. 그러나 그 사이의 중간 독자층을 겨냥한 책은 거의 나와 있지 않다. 만일 여러분이 그런 부류의 독자층에 속한다면, 즉 과학전문가는 아니지만 양자암호 및 양자컴퓨터들에 대한 호기심을 가지고 있다면 이 책은 바로 여러분에게 적합한 책이다.

이 책을 집필하면서 고심한 부분은 수학 공식 비슷한 것만 나와도 싫어하지는 않지만 두려워하는 독자들에게 공통적으로 적합한 글을 쓰는 것이었다. 이러한 이유에서 비전문가를 위한 책들에서는 수학 공식을 전혀 포함하지 않지만, 반면에 전문가를 위한 책들에는 수학 공식으로 가득 채우는 경향이 있다. 그렇다면 이들 중간 수준의 독자들에게 내용을 전달하기 위해서는 기호와 방정식, 숫자들을 어떻게 다루어야 할 것인가? 솔직하게 말하면 필자는 어느 정도의 수식은 다룰 필요성이 있다고 생각하여 이 책에 약간의 수학 공식을 포함시켰다. 공식이 나온다고 너무 부담을 느낄 필요는 없다. 부디 수학 방정식과 공식들이 당신의 친근한 벗이 될 수 있다는 나의 신념을 믿어주길 바란다.

실제로 수학 방정식들은 우리가 글로 쓴다면 많은 수의 문장들로 표현해야 하는 것들을 두세 개의 기호들로 짧게 표현하는 것일 뿐이다. 예를 들어 보자. "만일 어떤 질량을 갖는 물체에 포함된 에너지는 그 질량과 빛의 속도 제곱을 곱한 양과 같다"라는 아인슈타인의 유명한 이론을 수학적인 기호로 쓰면

$$E = mc^2$$

으로 나타낼 수 있다. 기호들을 사용한 수식은 많은 공간을 절약하고, 몇 줄의 문장을 대신하여 한눈에 쉽게 인식될 수 있다.

수식은 다른 이점도 가지고 있다. 35105372의 제곱근이 얼마인지 다른 사람에게 알려주어야 한다고 하자. 아마도 공학용 계산기를 두들기지 않는다면 쉽지 않을 것이다. 그러나 35105372를 a라는 문자로 대체하고, 그의 제곱근을 b라는 기호로 둔다면 간단히 다음과 같이 수식으로 해결할 수 있다.

$$b = \sqrt{a}\,.$$

이렇게 되면 약간 속은 듯한 기분이 들지도 모르지만 이것은 그러나 실제로 수학자와 물리학자가 늘 하는 과정을 설명한 것뿐이다. 어떤 문제를 기호로 설명하고, 그 기호들이 어떻게 수학적으로 상호 연관되어 있는가를 밝힌 것이다. 우리가 만일 35105372의 제곱근 값이 필요하다면 계산기를 사용하든가 손으로 계산을 해야 할 것이다. 그러나 대부분의 경우 a와 b가 수학적으로 서로 어떤 관계에 놓여 있는가를 알아보는 정도로 충분하다. 이 책에서 여러분은 물리 현상을 나타내는 수식을 대하게 될 테지만 대부분 실제의 수치를 쓰지 않고 그들의 관계식을 아는 것만으로 충분하다(실제로 물리학자들조차 수치를 계산하지 않고 공식만 자주 사용한다). 따라서 이 책에서 수학 공식 몇 개를 이용한다고 해서 그것이 결코 피곤한 일이 아님을 독자들도 동의하리라 믿는다. 그럼에도 불구하고 수식을 사용한 것에 대해서 다시 한 번 독자 여러분이 너그럽게 보아주기를 바랄 뿐이다. 여러분은 양자비트와 양자암호를 알고 싶은 열망으로 이 책을 선택했다. 자, 그럼 여행을 시작해보자!

02 장

무지개 색깔

서 곡

20세기에 들어서 몇 주가 채 지나지도 않은 무렵의 1900년 초, 물리학자 켈빈 경(Lord Kelvin)은 영국의 고등 과학 협회의 연설에서 더 이상 과학 분야의 발전은 기대할 수 없다고 선언하였다. 켈빈은 "지금 물리학에서는 더 이상 새로운 것이 발견될 수 없다. 이제 남아 있는 일은 더 정밀하게 측정하는 일뿐이다."라고 예언하였는데 이것은 과학에 대한 사망선고였다고 할 수 있다. 100년이 지난 지금 물리학의 운명에 대한 켈빈의 예언은 최악의 10대 예언 중에 하나로 꼽힌다. 이에 버금가는 다른 예언으로는 1943년 IBM 사장인 토마스 왓슨(Thomas Watson)이 "세계의 컴퓨터 시장의 규모는 5대 정도가 고작일 것이다."라고 한 것이나 "공기보다 더 무거운 물체의 비행은 불가능하다."라고 한 1895년의 켈빈의 또 다른 예언을 들 수가 있다.

지금 우리는 켈빈 경의 이런 근시안적 관망에 실소를 머금게 된다. 그것은 단순히 켈빈이 자신의 의견을 발표한 것에 지나지 않는다. 그 시대에 유명했던 몇 명의 과학자들은 중력, 빛의 성질, 증기 기관의 작동 원리 등 모든 과학적인 현상을 물리학으로 설명할 수 있다고 확신했었던 것 같다. 그래서 원리적으로 이해될 수 없거나 계산할 수 없는 것은 존재할 수 없다고 믿었다. 따라서 관련된 물리량들을 더 정밀하게 측정하는 방법을 연구하는 일만 남아 있다고 결론지었던 것이다.

그러나 불과 몇 년 후에 물리학은 뿌리를 뒤흔들 만한 혁명적인 사실에 직면하게 된다. 그 혁명의 선구가 되었던 과학자들의 실험과 이론들은 지금에서야 이해되고 실생활에 이용되고 있다. 이 책에서 주로 다루고자 하는 부분은 20세기 물리학 혁명을 일으킨 양자역학이다. 양자역학은 이미 1930년대에 한꺼번에 비약적 발전을 이루었지만 이와 연관된 제반의 기본개념들은 그 후 수십 년에 걸쳐 점차적으로 인정받게 되었다.

켈빈의 연설이 있었던 1900년은 분명히 물리학이 과학의 한 분야로서 2000년 이상의 역사를 통해 저력이 다져졌던 시점이었다. 사실 20세기 초에 활발히 이루어진 많은 과학적 발견도 이러한 기반 위에 세워진 위대한 건축물에 비유될 수 있다. 따라서 2장에서는 양자역학의 개척에 주도적인 역할을 한 물리학의 역사에 대해서 알아보고자 한다. 먼저 물리학의 발전에 궁극적인 중요성이 함축된 부분인 빛의 현상부터 알아보기로 하자.

2.1 때 이른 시작

빛은 항상 사람을 매료시키는 자연 현상 중의 하나이다.[1] 기원전 그리스 초기의 철학자들은 특히 인간이 어떻게 사물을 볼 수 있을까 하는 문제에 관심을 집중했다. 예를 들어 엠페도클레스(Empedocles)는 인간이 어떻게 사물을 볼 수 있는가에 대해서 낭만적인 의견을 내놓았는데, 미의 여신 아프로디테가 인간의 눈을 4원소인 흙, 불, 공기, 물을 가지고 사랑이라는 접착제를 이용하여 만들었다는 것이다. 우주의 원초적인 불 때문에 눈 속의 불이 빛나는 것이라고 하였다. 이처럼 눈 내부의 불은 초창기 시각을 다루는 이론에서 가장 중요한 요소로 등장하고 있다. 그 후 플라톤은 내부의 불에 대해서 언급

---

1) 「빛의 전반적인 역사에 대해서」 A. Zajonc(1995), 「자연의 빛 현상들의 아름다운 모음」 M. G. J. Minnaert(1994) 참조.

하기를 눈이 그 자체에 레이더 빔과 같은 빛을 가지고 있는데 태양 빛과 섞이게 되어 빛난다고 하였다. 즉, 외부와 내부의 빛이 혼합되어 사람이 외부 세계를 인지할 수 있다고 하였다. 기원전 300년경 기하학의 아버지인 유클리드(Euclid)는 광학(optics)을 구체화시킨 논문에서 눈에 의한 시각적인 경로를 기하학에 입각하여 설명하였다.

한편 그리스 철학의 다른 학파인 원자론자는 다른 방법으로 시각의 과정을 설명하였는데(이들의 관점이 더 직관적이다), 이들에 의하면 에이돌라(eidola) 또는 시뮬라끄르(simulacra)라 불리는 얇은 필름이 대상물체에서 벗겨져 나와 눈에 도달함으로써 볼 수 있다고 하였다. 엄밀히 따져보면 이 이론은 상당한 문제점을 안고 있다. 매우 큰 물체인 경우, 예를 들어 산을 보았다고 한다면 그러한 큰 산의 에이돌론(eidolon)이 눈을 통과할 때 어떻게 잘게 쪼개지게 되는가? 원자론자들은 그것에 대해 만족할 만한 답을 내놓을 수 없었다.

고대 철학자들은 무지개와 같은 대기현상에 대해서도 자세하게 다루었지만 타당하게 설명해내지는 못하였다. 예를 들어 아리스토텔레스(Aristoteles)는 무지개가 빨간색, 녹색 그리고 보라색의 낫 모양으로 이루어져 있다고 한 반면에, 로마의 시인인 버질(Virgil)은 무지개 속에서 수천 개나 달하는 색깔을 보았다고 하였다. 아리스토텔레스와 버질 이후에도 무지개는 비밀이 드러나는 그 날까지 수백 년 동안 사람들의 마음속에 풀어야 할 숙제로 자리 잡아 왔다.

서기 이후부터 중세기 말 사이의 수세기 동안은 빛에 대한 연구가 서양에서는 잠시 소강상태에 있던 시기였다. 그러나 오리엔트 문명에서는 965년 이라크의 바스라(Basra)에서 태어난 학구적인 이븐 알 헤이덤[Ibn Al-Haytham, 또는 알하젠(Alhazen)이라 알려져 있음]이 시각의 과정에 대해 몰두하고 있었다. 알하젠은 사람의 눈이 태양을 너무 오래 응시하게 되면 시력을 상하게 된다는 관찰을 통해(엠페도클레스나 플라톤에 의해서도 의심할 바 없는 사실로 받아들여졌다) 눈으로부터 무엇인가가 튀어나온다는 과거 이론을 의심하게 되었다. 즉, 눈에 자극을 주는 무엇인가가 외부로부터 눈에 도달되며 그것을 통해 볼 수 있는 것이라고 추측하게 된 것이다. 알하젠에 의하면 눈에는 그 내부에 불이 있는 것이 아니다. 오히려 눈은 어둡고 외부로부터 빛을 받아야만 한다는 것이다. 즉, 카메라 암실과 같은 셈이다.

2.2 빛은 얼마나 빠른가?

그로부터 600년이 지난 이후에 알하젠의 가설을 확인한 사람은 르네 데카르트(René Descartes)였다. 데카르트는 인간의 눈이 아니라 소의 눈을 해부하여 관찰함으로써 소의 망막에서 일정비율로 축소된 외부 세계에 대한 상을 발견하였다. 또한 천문학자인 요하네스 케플러(Johannes Kepler)와 갈릴레오 갈릴레이(Galileo Galilei)도 인간의 눈은 다른 광학기기와 마찬가지의 기능을 가지며 외부로부터 도달된 빛을 단지 시각화한다고 하였다. 자, 이제 남는 질문은 “과연 빛이란 무엇인가? 빛은 무엇으로 이루어져 있나? 그리고 빛은 눈으로 어떻게 들어가게 되는가?”이다. 이런 질문에 대해 데카르트는 번뜩이는 이성으로 빛은 ‘성스런 광(divine halo)’처럼 무한의 속도로 동시적으로 눈에 도달된다고 갈파하였다.

이것은 우주 전체가 액체와 같은 물질로 차 있다는 공간 충만 이론(theory of plenum)의 결과이다. 공간의 모든 부분에 차 있는 이러한 액체는 역학적으로 서로 연결되어 있어서 빛을 내는 물체는 즉시 눈에 인지된다는 것이다. 맹인이 자기 주위를 볼 수는 없어도 지팡이를 이용하여 탐지하고 장애물을 발견하는 즉시 반응할 수 있는 것처럼 데카르트는 무엇을 본다는 것은 주변의 빛을 내는 물체를 탐지하는 것과 같다고 했다.

그러나 그 시대의 모든 철학자들이 다 데카르트와 같이 생각하지는 않았다. 그래서 빛의 속도에 대해서 격렬한 논쟁이 시작되었다. 갈릴레이는 실험을 통해 이러한 당시의 이슈들을 해결하고자 하였다. 갈릴레이의 아이디어는 다음과 같았다. 수마일 떨어져 있지만 서로를 볼 수 있는 두 개의 언덕에 각각 사람이 오른다. 오르기에 앞서 두 사람의 시계가 동시적으로 같은 시각을 가리키도록 맞추고 둘 중의 한 사람은 셔터가 달린 랜턴을 가져간다. 랜턴을 가진 사람은 언덕 위에서 이미 켜기로 예정한 시각에 랜턴의 셔터를 열기로 되어 있었고, 두 번째 언덕에 있는 사람은 랜턴의 셔터가 열린 시각과 두 번째 언덕에 빛이 도착한 시각 사이의 간격을 재는 것이다.

말할 것도 없이 이러한 실험은 당연히 실패로 끝날 수밖에 없었다. 그 당시의 시계는 충분히 실험을 뒷받침할 정도로 정확도가 없었으며 언덕 사이의 거리가 수마일 떨어져 있다 하더라도 이 사건은 수천분의 일초 사이에 일어나기 때문이다. 그렇지만 이 실험에서 중요한 점은 갈릴레이가 빛이 얼마나 빠른가를 단순한 피상적인 추측이나 직관으로 대답을 하지 않았다는 점이다. 그 이후 실험을 통하여 현상을 설명하는 접근 방법이 유행하였는데 의심할 바 없이 갈릴레이가 이런 존경할 만한 유행의 선구자였던 셈이다. 물론 갈릴레이가 위의 실험을 성공시키려면 물체 사이의 거리가 훨씬 더 멀어야 한다는 것은 당연한 사실이다.

사실 이처럼 먼 거리는 우주공간의 차원으로 확대되면 자연스레 얻어질 수 있다. 그래서 멀리 떨어진 동료에게 빛을 보내는 실험 대신 광대한 우주공간에서 일어나는, 시각이 정확하며 관찰을 통해 알 수 있는 사건을 도입할 필요가 있었다. 그러한 사건의 예로는 목성의 위성이 목성 뒤로 사라지는 사건을 들 수 있는데 이것을 처음 관찰한 사람은 갈릴레이였다. 1675년 덴마크의 천문학자 올레 뢰머(Olle Römer)는 목성의 위성이 한 바퀴 도는데 걸리는 시간이 그 시점에서의 지구와 목성의 사이의 거리에 따라 달라짐을 알게 되었다. 이로부터 뢰머는 목성의 위성으로부터 오는 빛이 지구에 도달하기 위해서는 유한한 시간이 걸리게 된다고 추정하였다. 갈릴레이가 빛의 속력 측정을 시도한 이후에 처음으로 뢰머가 천체 관측을 통해 빛의 속력을 측정한 것이다.

뢰머의 측정 결과에 대한 수학적 분석이 잇달아 제시되었는데 2년 후 독일의 물리학자 크리스찬 호이겐스(Christian Huygens)는 빛의 속력이 초당 230,000 km가 되어야 한다고 주장하였다. 믿을 수 없을 만큼 대단히 빠른 속력이기는 하지만 빛의 속력이 무한이 아닌 것만은 확실해졌다. 호이겐스의 결과는 오늘날 측정된 정확한 빛의 속력과 비교해 20% 정도만 차이가 난다는 것이 놀랍다. 한편 호이겐스는 빛의 속력이 음파의 속력보다 60만 배나 더 크다는 것이 심적으로 부담스러웠다. 그러나 호이겐스도 갈릴레이처럼 관찰과 실험에 의해서만 이론을 제시하는 것을 주장하였기 때문에 실험 결과에서 빛이 음파보다 십만 배나 빠르게 전파된다고 나왔다면 사실로서 받아들여야만 한다고 했다. 빛이 매우 빠르지만 유한한 속도로 전파된다는 이 실험 결과는 호이겐스에게 다른 흥미 있는 결론에 도달하도록 만들었다. 즉, 빛이 물체가 아닌 파동이라는 빛의 파동설이다.

갈릴레이조차 빛이 물질이라고 했으나 호이겐스는 젊은 나이에도 불구하고 그와 같은 통상적 이론에서 과감히 탈피한 것이다. 호이겐스는 과학의 통찰(insight)이 실험 관찰에 의해 충분히 증명되지 않는 사실에는 분노를 나타냈는데 그의 논문에서 발췌한 글을 통해 엿볼 수 있다.

> "한편으로 나는 많은 과학자들이 자주 직관력도 없고 전혀 증명도 할 수 없는 결과들을 발표하는 것에 매우 놀랍기만 하다. 나의 지식에 비추어 판단해보건대 그 누구도 빛의 가장 중요한 특성을 정확하게 설명하려는 시도조차도 한 적이 없다고 생각된다."

호이겐스는 왜 빛이 오로지 직선으로 전파되는지와 교차되는 빛살이 서로 다른 빛살을 교란하거나 방해하지 않는지에 대해 특히 관심을 갖고 연구하였다.

2.3 빛은 입자인가? 파동인가?

이러한 빛의 성질은 파동이라고 한다면 모든 특성을 쉽게 설명해낼 수 있다고 호이겐스는 생각했다. 호이겐스에 의하면 이 파동은 음파가 전파되듯이 매질(medium)로 전파되며 각 파면의 각 점은 새로운 파의 중심이 된다고 하였다. 결과적으로 빛은 이러한 작은 파들의 구면을 따라 전파되는 것이다(**그림 2.1**). 이러한 단순한 가정을 기초로 하여 호이겐스는 빛의 회절은 물론 빛의 반사까지 기하학적인 증명만을 사용하여 설명해낼 수 있었다. 이미 그는 빛이 파동이라는 것을 의심하지 않았다.

그러나 호이겐스가 그의 이론을 학회에서 납득시키는 데 부딪친 문제점은 과학적 이론이 아닌 바로 사람이었다. 걸림돌이 되었던 과학자는 바로 아이작 뉴턴(Isaac Newton)이었는데 이 영국의 물리학자야말로 1665년과 1667년 사이 흑사병이 창궐하던 상황에서도, 조용히 혼자서 물리의 기본틀을 일궈낸 장본인이었다. 뉴턴의 이론은 거의 200년 이상 논박의 여지없이 유지되었다. 뉴턴의 빛과 색깔에 대한 논문뿐만 아니라 중력과 행성의 운동 이론은 25세의 청년을 그 시대에는 물론 지금까지도 가장 존경받는 과학자로 인정하게 만들었다. 그러나 뉴턴은 확실히 천재임에도 불구하고 다소 야

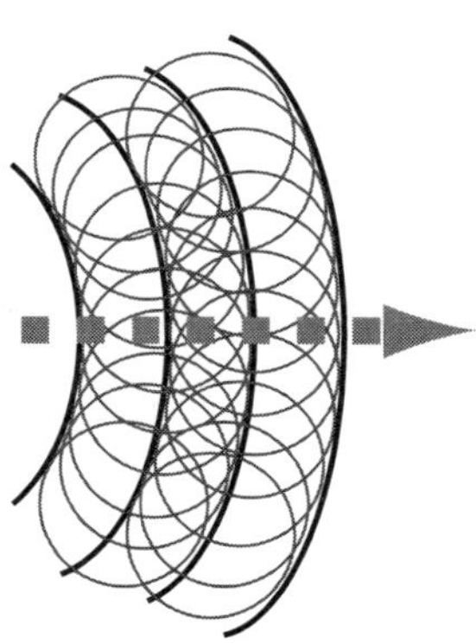

[그림 2.1] 호이겐스의 파동 전파의 원리. 파면의 각 점은 구면파로 전파되면서 다른 구면파들과 함께 파의 전파방향에서 다시 새로운 파면을 형성하게 된다.

심가였고 다혈질이었다. 빛이 작은 입자들이나 미립자로 이루어졌다는 뉴턴의 굳은 신념은 호이겐스의 파동이론에 직접적인 모순이 되었다. 그것만으로도 뉴턴이 그 독일인에 대해 악의적 경향으로 대하기에 충분했겠지만, 호이겐스가 뉴턴의 광학 논문 중의 하나를 매우 완곡하게 감히 비판을 하였을 때 뉴턴은 격노하고 말았던 것이다.

당시에 과학계에서 군림했던 뉴턴에 맞서서 호이겐스는 자신의 이론을 우세하게 펼칠 수가 없었고 결국 1세기 동안 파동이론은 거의 주목을 끌지 못하게 되었다. 한편, 케임브리지 대학에서 루카스 석좌교수가 된 뉴턴은 무지개에 대한 신비를 해결하고자 하였다. 뉴턴은 태양 빛이 프리즘에 들어와 프리즘의 다른 면을 통해 여러 색으로 갈라지는 현상을 발견하였다. 백색광이 한 매질에서 다른 매질을 통과할 때 구부러지게 되는 굴절의 특성에 의해 무지개의 여러 색깔로 분리된 것이다. 이로부터 뉴턴이 면밀히 연구하여 잘 알려지게 된 광학 현상을 천체의 현상에도 적용하여 설명할 수 있게 되었다. 데카르트는 하늘에서 무지개가 어느 각도 이하에서 나타나는지 계산해내었다. 데카르트는 태양 빛이 처음으로 공기 중의 물방울에 의해 굴절되며 물방울의 내부에서 반사되어 결국 최종적으로 분산되어 보인다는 것을 명확하게 설명하였지만 바로 그러한 원리에 따라 무지개의 색깔로 나타난다는 것을 파악해내지는 못하였다.

한편 뉴턴은 프리즘에 대한 그의 실험을 기초로 하여 백색광이 다른 여러 가지 색의 가벼운 미립자들을 포함하고 있는 것이 아닌가 하고 생각하게 되었다. 그 미립자는 각각 다른 굴절률을 가지고 있어서 프리즘에 들어갈 때 미립자마다 정도가 다르게 편향된다고 생각하였다. 그리고 프리즘을 통과한 빛을 다시 역으로 보내는 과정에서 프리즘 사이의 각을 적당히 유지시키면 결국에는 백색광으로 만들 수 있음을 알게 되었다. 1704년 뉴턴은 그가 저술한 《광학(*Opticks*)》이란 책에서 빛의 입자이론과 무지개의 색에 대해 상세하게 기술하고 있다.

이후 200년간 뉴턴의 이론은 대단한 영향력을 미쳤으며 거의 대부분의 사람들이 뉴턴의 이론을 의심하지 않았으나, 소수의 사람들만 그 이론을 신중하게 다시 검토하고 있었다. 그 중 한 사람이 독일의 수학자인 레오날드 오일러(Leonhard Euler)였다. 오일러는 1760년에서 1762년 사이에 안할트 데사우(Anhalt-Dessau) 공주와 많은 서신을 교환하고 있었다. 공주는 서신으로 개인적으로 품고 있던 몇 개의 물리학 문제를 오일러에게 질문하였는데, 오일러는 빛의 특성에 대한 문제는 물리학에서 아직 풀리지 않은 가장 중요한 논제라고 대답하였다. 오일러는 뉴턴의 미립자 이론에 대해 강하게 부정하였으며 호이겐스의 이론을 지지하여 빛이 음파와 같이 에테르(ehter)라 불리는 매질로 전파하는 것이라고 생각하였다. 1746년 초반에 오일러는 《빛과 색에 대한 새로운 이론(*New theory of light and color*)》이란 제목의 책으로 그의 파동이론을 내놓았다(뉴턴의 제목과 유사한 것은 우연의 일치는 아닌 것 같다). 그러나 오일러의 책에는 이전부터 중요한 광학적 현상인 회절에 대한 설명이 포함되어 있지 않았다.

회절(diffraction)이란 틈이 아주 작게 벌어지도록 두 손가락을 밀접하게 놓은 채 그 틈을 통해 램프나 빛을 보면 여러 개의 밝고 검은 얼룩무늬가 나타남을 알 수 있는데 이것을 회절현상이라고 한다. 손가락 사이의 거리를 점점 늘리게 되면 이러한 회절무늬는 사라지게 된다. 도대체 무슨 일이 일어난 것인가? 미립자 이론으로서는 빛이 좁은 슬릿을 통과할 때 정확히 슬릿 모양으로 통과하지 않는 것에 대해 잘 설명해낼 수가 없다. 이런 종류의 또 다른 현상으로 날카로운 경계를 가진 물체의 그림자 끝이 퍼지는 현상도 뉴턴의 입자이론에 상반되는 현상이기도 하다.

2.4 호수의 물결

19세기 초기에는 새로운 아이디어가 무르익는 시대가 도래하였다. 십대에 이미 열두 개의 언어를 구사했던 조숙한 천재, 토마스 영(Thomas Young)

은 파동이론을 이해하는 데 결정적인 역할을 하며 신선한 추진력을 불어넣었다. 한동안 영은 케임브리지의 엠마뉴엘 대학에서 강의를 하였는데 어느 날 태양 빛 아래 오리가 헤엄치고 있는 연못가에서 쉬고 있었다. 그때 나란히 헤엄을 치는 두 마리의 오리 뒤에 생긴 파동의 흔적을 관찰하게 되었다. 두 마리의 오리에 의해 물의 파동이 겹쳐지면서 어떤 곳은 파동이 있음에도 잔잔해 보이기도 했던 것이다. 여러분도 두 개의 돌을 연못에 던지게 되면 이와 비슷한 효과를 보게 될 것이다. 각각의 돌이 물에 닿은 순간 물 위의 파동은 원을 그리며 바깥으로 퍼지게 된다. 잠시 후에 두 개의 파동은 교차하며 어떤 곳에서는 서로 보강되고 다른 곳은 서로 소멸되는 것을 볼 수 있게 된다(**그림 2.2**). 영의 위대한 통찰력은 수면에서 나타나는 이러한 중첩(superposition)과 간섭(interference)의 원리가 빛의 경우에도 적용될 수 있다고 한 점에 있다. 그러나 같은 조건에서도 많은 빛이 포함된 경우에는 중첩이나 간섭 현상이라는 특이한 현상이 일어나지 않을 수도 있다. 이러한 상식을 뛰어넘는 가설을 증명하기 위해 영은 검은 스크린에 두 개의 슬릿을 만들어 빛을 비추었다. 두 슬릿은 각각 파원이 되어 반원의 형태로 파가 전파되면서 서로 중첩될 것이다.

영은 슬릿으로부터 어느 정도 떨어진 거리에 백색 스크린을 두고 스크린

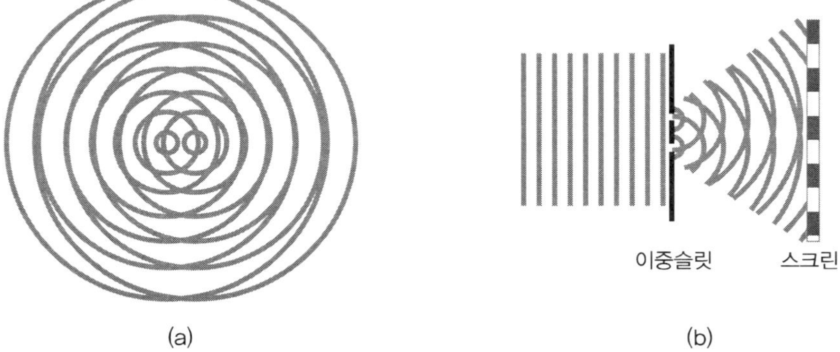

[그림 2.2] 간섭되는 파와 영의 실험. (a) 원형으로 퍼지는 수면파. (b) 이중슬릿에 의한 영의 간섭실험에서는 스크린에 밝고 어두운 무늬가 만들어진다.

에 도달하는 상을 관찰하였다. 확실히 백색 스크린의 부분 부분에 검은색이 남게 되어 나타난 패턴은 얼룩무늬임이 의심할 여지가 없었다. 검은 무늬가 있는 부분에서도 두 슬릿을 통과한 빛은 여전히 스크린을 두드리고 있는 것이다. 빛과 빛이 더해진 곳이 어둠과 같다니……. 이런 간단한 실험을 통해 영은 광학뿐 아니라 다른 분야에서도 중요한 역할을 하는 원리를 발견하게 된다. 어떤 파동이든지, 수면파든, 물질파(나중에 배우게 될 것이다)든, 광파이든 간에 파동은 마루와 골의 연속으로 생각할 수 있다. 수면파의 예에서 이 개념은 특별히 직관적으로 보인다. 두 파의 마루가 어떤 지점에서 일치하게 되면 그들의 높이는 더해져서 더 큰 마루가 형성된다. 그러나 만일 마루가 골을 만나게 되면 그 마루는 골을 채우게 되어 평평하게 된다. 마치 아무런 파동도 없는 것처럼 되고 마는 것이다.

영은 이런 방식으로 빛도 서로 소멸된다고 예시했다(뉴턴의 입자이론에서는 이 현상을 설명해낼 수 없다). 한편 그는 두 마루 사이든가 두 골 사이의 거리를 측정하기 위하여, 즉 빛의 파장을 구하기 위하여 간섭을 역이용하였다. 간섭무늬 사이의 거리로부터 빨간색 파장과 보라색 파장을 계산해 내었다. 영이 얻은 빨간색 파장은 0.7μm(1μm는 1 m의 십만분의 일, 또는 1 mm의 천분의 일에 해당함)이고 보라색 파장은 0.4 μm이었다(이것은 오늘날의 실제 값에 매우 근접한 값이다). 영의 파동이론은 광파(light wave)를 양적으로 명확하게 설명할 수 있었고 이것은 거대한 진보의 한걸음이었다. 또한 무지개의 색깔은 이제 서로 다른 입자에 의한 것이 아닌 다른 파장에 의해 나타난다는 것이 확실하게 인식되었다.

1821년에 프랑스의 과학자 어거스틴 프레넬(Augustin Fresnel)은 빛의 파동이론을 근본적으로 확장시켰으며, 파동설을 지지하는 연구자들은 점점 많아지게 되었다. 그 당시까지 빛은 매질의 진동방향과 같은 방향으로 진행하는 종파로 알려져 있었다. 종파의 대표적 파동의 예로는 음파가 있다. 공기 분자는 서로 약하게 결합되어 있어 공기의 진동이 일어나는 방향으로 파동을 전달하게 된다. 한편 프레넬은 광파가 수면에서 물 분자와 유사한 형태의 횡파라고 제안하였다. 여기서 수면파는 물 표면에 평행하게 파동을 전달하며 물의 분자는 아래위로 춤추듯 움직이는, 즉 파의 진행방향과 수직으로 진동하는 횡파에 해당한다.

이러한 새로운 구상은 다른 빛의 특성을 설명하게 만들었고, 1809년에 쉬발리어 말뤼(Chevalier Malus)는 이러한 수수께끼 같은 빛의 현상을 처음으로 파리에 있는 룩셈부르크(Luxembourg) 궁전에서 시범하여 보였다.[2)] 말뤼는 아이슬란드에서 가져온 광물 석판으로 궁전의 창문을 통해 반사된 태양 빛이 그 광물 결정을 통과하도록 하였다. 이때 결정을 어떻게 회전시키느냐에 따라 태양의 상이 한 개 또는 두 개로 나타나게 되었다. 두 개의 상이 생기는 것은 프레넬의 빛의 이론에 따라 설명이 가능하다. 빛이 횡파라면 당연히 매질(광파에서는 에테르라고 하였다)의 진동방향은 파의 진행방향과 수직인 어떤 임의의 방향이 될 수 있다. 이것은 빛을 진동방향과 일치한 빛을 선별해낼 수 있게 된다. 즉 편광(polarization)이 되도록 할 수 있다. 어떤 물질은 빛을 받으면 다른 빛들을 반사해버림으로써 어느 한 방향으로 빛을 편광시키게 되며, 또 다른 물질들은 빛을 받으면 각 방향으로 속도가 다르게 진행시키는 편광빛을 만들게 된다(이 현상은 복굴절이라고 한다).

2.5 스파크 전송

19세기가 시작될 무렵 과학자들은 마이크로미터 이하의 작은 파장을 갖는 횡파를 합성하는 장치를 만들게 되었다. 따라서 광파의 진동방향에 대해 알게 되었으나, 한 가지 문제점이 아직도 베일에 싸여 있었다. 과연 무엇이 진동하는 것일까?

뉴턴이 역학과 중력을 이용하여 행성의 운동을 성공적으로 설명해낸 것

2) M. Le Bellac(2006).

과 같이 많은 물리학자들은 일관성 있게 뉴턴 이론을 적용함으로써 모순 없이 순수하게 자연 현상을 기술할 수 있어야 한다고 믿었다. 그러므로 광파는 뉴턴 역학에 의해 설명할 수 있어야만 했다. 빛을 역학적으로 설명하려면 반드시 광파를 전달하는 매질, 즉 에테르와 같은 물질이 있어야만 한다. 빛의 속도가 상당히 빠른 점을 감안해보면 그 물질은 믿을 수 없을 만큼 단단해야 한다. 다시 말하면, 줄에서 파동이 전달되는 것과 같은 방법으로 빛이 전파되려면 줄의 장력은 매우 커야 한다. 그리고 빛이 어느 공간에나 동시에 전파되려면 우주는 에테르로 가득 채워져야만 하며, 그러한 에테르가 별과 행성의 운동을 방해하지 않는다는 조건이 만족되어야 한다.

이러한 조건을 동시에 만족하는 물질은 물리 현상을 모순으로 만들었다. 그러나 1841년 이미 켈빈 경이 우주는 필연적으로 에테르로 가득 차야 한다고 선언했고 켈빈의 선언에 따라 그 누구도 이 문제에 도전하는 것은 허용되지 않았다. 켈빈이 빛의 역학적인 문제에 집착해 있는 동안 전설적인 물리학자 중의 한 사람이 드디어 새로운 대안을 제시하게 되는데 그가 바로 마이클 패러데이(Michael Faraday)였다.

가난한 환경에서 자라난 패러데이는 영국의 왕립연구소에 있는 험프리 데이비(Humphrey Davy)의 화학실험실에서 아직은 숙련되지 않은 조수로서 연구를 시작하고 있었다. 그는 대학의 학위를 받은 적이 없음에도 수년 안에 그 시대에 가장 유명한 실험물리학자로서 자리매김하게 된다. 1831년 패러데이는 전자기 유도 현상을 발견했다. 두 철사가 철심 링 주위로 감겨 있고 그 중의 하나가 스위치를 통하여 건전지에 연결되어 있다. 첫 번째 회로의 스위치가 닫혀 있는 동안 두 번째 철사에는 검류계를 통해 전류가 흐르지 않는다. 전기회로는 닫혀 있고 서로 고립되어 있어서 사실 전류가 흐를 수 없다. 그러나 첫 번째 회로의 스위치가 열리는 순간 놀랍게도 두 번째 회로에 전류가 순간적으로 흐르게 되는 것이다. 또한 스위치가 닫히는 순간에도 같은 일이 일어나며 이때 두 번째 회로에 흐르는 전류는 반대방향이다.

이러한 전자기 유도 현상의 설명으로 패러데이는 현대 물리의 기초를 다지는 일에 크게 기여하였다(현대 물리와 동시에 산업 전반에 영향을 끼치게 된다). 패러데이에 의하면 스위치가 열리거나 닫힐 때 첫 번째 회로에서 생겨난 전기적 파동에 의해(첫 번째 회로에서 전류가 갑자기 변했을 때) 두 번째 회로에서도 전류가 흐른다는 것이다. 과감하면서도 통찰력이 있는 패러데이의 전자기 유도에 대한 설명이 1846년에 패러데이의 강연에서 처음 밝혀졌을 때 그 이론은 가히 혁명적이라고 할 수 있었다. 패러데이가 추론한 바로는 빛이란 전기와 자기장의 진동일 뿐이다. 이보다 이삼 년 전에 패러데이는 철가루를 사용하여 막대자석의 자기장을 시각화시켰고, 전기장은 패러데이의 전자기 유도 실험 후에 의심할 여지가 없이 전파될 수 있는 파동이라는 것이 밝혀졌다.

2.6 에테르를 찾아서

대략 20년 후, 제임스 맥스웰(James Maxwell)은 패러데이의 개념을 수학적인 견고한 틀로 만들었다. 맥스웰이 패러데이의 관찰을 기초로 하여 전기장과 자기장에 대한 유명한 공식을 발표한 후 이러한 공식들로부터 파동방정식을 유도할 수 있음을 알게 되었다. 이것은 마치 팽팽한 줄에서 나타난 파동을 기술하는 방식과 거의 유사하며 패러데이가 전기장과 자기장이 파동처럼 전달되지 않을까 생각했던 바와 같았다. 그리고 맥스웰은 파동방정식을 통해 전자기파(electromagnetic wave)의 속력을 예측하였는데 그 속력은 그 시대에 알려진 빛의 속력과 거의 동일하다는 것이 판명되었다. 지금은 빛이 전자기파라고 확실히 단언할 수 있다. 맥스웰은 방정식을 통해서 전기와 자기 사이의 관계식, 다시 말하면 전류와 나침반의 바늘 그리고 파동인 빛 사이의 상관관계를 유도해낸 것이다.

맥스웰의 가설에 대한 실험적인 뒷받침이 1887년 독일 물리학자 하인리히 헤르츠(Heinrich Hertz, 이 과학자의 이름은 후에 진동수의 단위로 사용된다)에 의해 이루어졌다. 헤르츠는 스파크 생성기로 전자기파를 만들고 전자기 파동이 금속 표면에서 어떻게 반사되는지, 그리고 슬릿에 통과시킬 때 회절되는지를 조사하였다. 여기서 그는 전자기파가 마치 빛과 같이 행동하는 것을 발견하였고 빛의 속력으로 진행된다는 것을 밝혔다. 빛은 의심할 바 없이 전자기파임이 실증된 것이다.

그러나 에테르에 대한 문제는 해결될 기미가 없었다. 비록 전자기파가 새로운 자연 현상이라는 것이 밝혀졌다 하더라도 전자기파가 수면파와 비교하여 어떤 차이점이 있는지 밝혀진 바는 아무 것도 없었다. 따라서 맥스웰의 전자기 파동도 진동할 수 있는 매질이 필요할 것으로 보였다.

알버트 마이켈슨(Albert Michelson)과 에드워드 몰리(Edward Morley)는 이러한 관점을 바탕으로 1887년에 에테르의 존재를 밝히기 위해 간섭계(interferometer)를 만들었다. 이 간섭계는 수직으로 된 두 개의 팔을 가지고 있으며 빛이 하나로 진행하다가 두 팔로 갈라지고 나중에 다시 합쳐지게 되는 장치이다(**그림 2.3**). 이 장치에 의해 두 개의 수직방향으로 진행되는 빛 사이의 근소한 속력 차이를 측정할 수 있게 된다. 이 실험의 아이디어는 간단하다. 간섭계가 에테르의 흐름에 따라 움직이게 될 때 두 방향에서 진행하는 빛의 속력은 서로 다르기 때문에 '에테르 바람(ether wind)'의 속력을 측정할

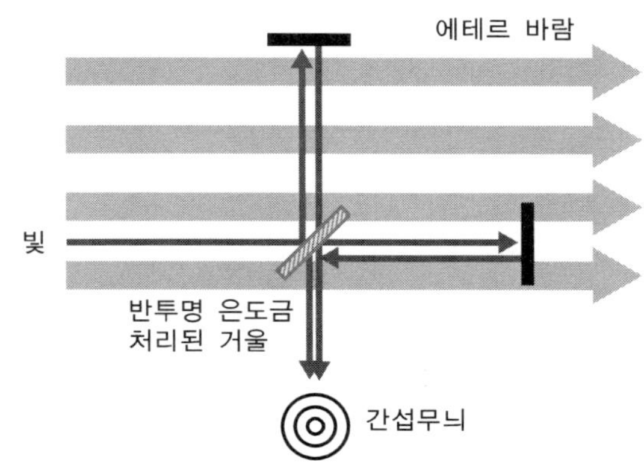

[그림 2.3] 에테르를 측정하기 위한 마이켈슨-몰리 실험 장치. 이 간섭계에서 두 방향으로 갈라지는 빛의 속력 차이로 인해 생기는 간섭무늬가 이동하게 된다.

수 있다.

마이켈슨과 몰리는 지구가 태양을 중심으로 시간당 30만 km씩 움직인다는 사실을 이용하였는데 이미 가정한 대로 공간에 에테르가 꽉 차 있다면 간섭계도 같은 속도로 움직이게 된다. 이 간섭계를 천천히 회전시키게 되면 처음 한 팔이 지구와 같은 운동방향에 있다가 다음에는 수직인 두 번째 팔이 지구의 운동방향과 일치하게 된다. 따라서 지구의 운동방향과 이에 수직한 방향을 따라 진행하는 빛의 속도에서 차이가 있다면 이것은 간섭계의 무늬 이동으로 나타나며 따라서 에테르의 움직임을 검출할 수 있을 것이다. 그러나 놀랍게도 두 연구자는 에테르 바람의 어떤 미세한 움직임조차도 검출해내지 못하였다. 실험 장치에서 빛은 어떤 방향으로 진행되어도 전혀 상관없이 간섭무늬를 만들지 않는다. 에테르에 대해 지구가 상대적으로 운동함으로써 측정될 수 있는 '에테르 바람'은 전혀 존재하지 않는 것이다.

2.7 아인슈타인의 등장

이와 같은 사실은 물리학자들을 당황하게 만들었다. 빛의 수수께끼를 풀고자 몇 세기 동안 다져온 빛의 역학적 설명은 순식간에 원점으로 돌아가 전자기파의 개념으로 대체되었고 파동을 전파시키는 매질의 운동조차 검출이 되지 않다니! 몇 년 동안 과학자들은 에테르를 존재시키기 위해 긴급 구조에 나섰지만 성과 없이 다른 과학자의 독창적인 발상이 나올 때까지 기다려야 했다. 마이켈슨-몰리의 부정적인 결론 후, 20년이 되지 않아 베른에 있는 스위스 특허국에서 일하던 한 과학자는 에테르에 대한 문제를 고심하기 시작했고 드디어 공간과 시간에 대한 새로운 개념을 구상해내기에 이른다.

스위스 특허국의 젊은 심사관인 알버트 아인슈타인(Albert Einstein)은 이미 같은 해에 물리학의 근본을 흔드는 브라운 운동이론(물질이 보이지 않는 원자로 이루어졌다는 것을 증명하였다)을 발표한 바가 있고, 동시에 빛이 전파되는 문제에 대해서도 연구하고 있었다. 후에 아인슈타인은 어린 시절 빛을 타고 여행하는 자기 자신을 상상했었던 적이 있다고 술회했는데, 그 상상 속에서 어떤 모순을 발견하는 계기가 되었다고 하였다. 그가 빛의 속도로 움직인다고 하면 그의 관점에서는 빛이 정지하게 된다. 같은 원리에 따라 기차에 올라탄 경우에 대해서도 적용될 수 있지 않은가? 만일 당신이 탄 기차가 빛의 속도로 움직인다고 한다면, 같은 방향으로 움직이는 기차는 과연 당신을 따라잡을 수 있을까?

아인슈타인은 이것은 명백히 불가능한 일이라고 생각했다. 자연에서는 빛보다 빠른 것은 허용되지 않는다고 생각했다. 이러한 개념은 아인슈타인의 마음에서 서서히 무르익어 1905년 하나의 이론으로 나오게 된다. 아인슈타인은 이 이론을 특수 상대성 이론(special theory of relativity)이라 하였다 — 일반 상대성 이론은 그 후 10년 후에 가속도계와 중력에 대해 다루게 된다. 매력적인 특수 상대성 이론에 대해 상세하게 다루지는 못하지만 특별한 흥미를 끄는 효과만 언급해보기로 한다. 아인슈타인은 어떤 기준계에 있든 간에 빛은 항상 정확히 같은 속도로 움직여야 한다고 가정하였다. 이것은 마이켈슨-몰리 실험에서 지구의 운동방향을 가리키는 간섭계의 팔의 방향이 어느 쪽이든 문제가 되지 않는다. 아인슈타인에 의하면 빛의 속도는 모든 틀에서 같아야만 한다. 따라서 지구가 움직이는 방향에서도 빛의 속도에 지구가 움직이는 속도가 더해지지 않는다. 간섭계의 두 팔 사이의 빛의 속력 차이는 있을 수 없는 것이다. 상대성 이론의 시작은 빛의 물리적인 기술에서 에테르의 개념을 버리는 것으로부터 자연스럽게 유도된다. 빛의 속도는 다른 속도에 더해지지 않는다. 이런 의미에서 보면 어쩌면 빛의 속도는 유한한 값이면서도 무한하다고 할 수도 있겠다.

이것으로 빛에 대한 역사적인 고찰을 간략하게 마치고 3장에서는 빛의 주요 특성에 대해서 알아보기로 하자.

03 장

빛, 파동, 진동

쓸모 있는 물리적 사실들

양자역학과 양자컴퓨터에 들어가기에 앞서서, 양자 개념을 이해하기 위해 빛과 그 외의 다른 파동 현상에 대한 몇 가지 기본적 사실을 미리 알아두는 것이 좋을 듯하다. 이것은 양자역학과 양자정보를 다룰 때 흔히 나오는 중요한 사실들이므로 간략하면서도 전체를 이해할 수 있게 훑어보기로 하자.

3.1 파장, 위상, 간섭

빛이란 이미 알려진 바와 같이 1초에 대략 30만 km를 진행하는 횡파이다. 빛의 특징을 나타내는 중요한 양은 파장과 진동수이다. 빛의 진동수와 파장 그리고 전파되는 속력 사이에는 간단한 관계식이 형성된다. 빛의 속력과 진동수, 파장을 각각 c, ν, λ라고 약자로 표시할 때 파장은 진동수와 빛의 속력으로 나타낼 수 있다.

$$\lambda = \frac{c}{\nu}.$$

수면파동을 하나의 예로서 생각하면 이 관계식을 이해하기가 쉬워진다.

호수의 표면을 막대기 끝으로 두드려 본다고 하자. 생겨난 파동이 어떻게 진행하는가를 관찰하면서 파동의 속력을 계산해 볼 수 있다. 이제 막대기로 한 번만 두드리지 말고, 예를 들어 1초에 한 번씩 규칙적으로 두드린다고 생각해보자. 이렇게 하면 물 위에서 일정한 간격으로 골과 마루가 반복되는 진행파가 형성된다. 예를 들어 만일 수면파의 진행속도가 1초에 2 m라고 하자(또는 자기 자신이 스스로 시도해서 얻어진 적당한 값이면 된다). 파동은 막대기로 두 번째 칠 때까지는 2 m 진행하므로 파장은 2 m가 된다. 만일 두 배로 빨리 친다면 두 번째 파가 생성되는 동안 처음 파동은 반만 생성되므로 두 번째 파의 마루 사이의 거리, 즉 파장은 1 m이다. 이와 같이 점점 높은 진동수에 대해서도 마찬가지로 생각하면 진동수가 커질수록 작아지는 파장을 얻을 수 있다. 다시 말하면 수면파의 파장은 위의 식에서처럼 진동수와 반비례하며 속력에는 비례한다는 것을 알 수 있다.

수면파에 대한 지식은 빛의 파동을 어림할 수 있는 직관력을 심어준다. 실제의 파동은 그림 3.1에 나오는 것보다 더 조밀한 파동이 될 것이다. 예를 들면 가시광선의 파장은 1 mm의 천분의 일보다 작다. 빛은 파동성을 가지므로 슬릿을 통해 빛을 갈라지게 하고 다시 갈라진 파동을 한 곳에 모아서 합성시킬 수 있다. 이것이 바로 토마스 영의 이중슬릿 실험인데, 이 실험의 결과로 스크린 상에 밝고 어두움이 규칙적인 간격으로 나타나는 얼룩무늬가 생긴다. 이 결과를 이해하려면 위상과 간섭이란 두 가지 개념과 좀 친해질 필요가 있다.

위상(phase)은 같은 파장을 갖고 같은 방향으로 진행하는 두 개의 파를

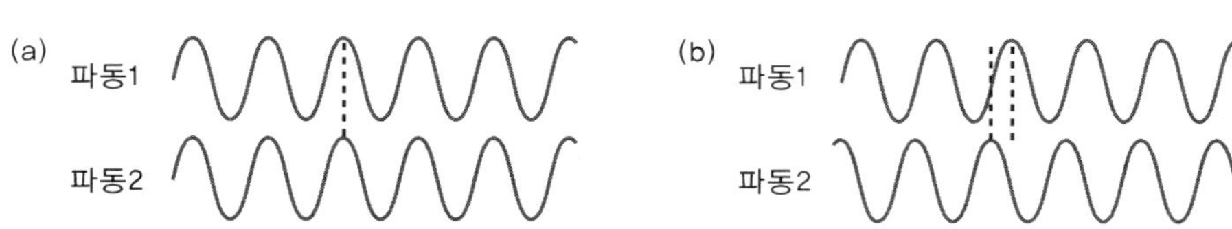

[그림 3.1] 두 개의 파동이 (a) 위상이 같은 경우. (b) 위상이 다른 경우. 두 파동 사이의 상대적 위상은 점선 사이의 거리가 된다.

순간적으로 포착한 형태를 통해 쉽게 설명할 수 있다(**그림 3.1**). 만일 두 개의 막대기를 동시에 같은 리듬으로 두드려서 두 개의 파동이 생성되었다면 처음 파동이 마루가 될 때 두 번째 파동도 마루가 된다. 또 처음 파동이 골이 된다면 두 번째 파동도 골이 된다. 이것을 위상이 같다고 한다. 이와 달리 두 파동의 골과 골, 그리고 마루와 마루가 정확하게 일치하지 않는 경우를 생각해보자. 그들이 서로 일치하지 않는 부분을 상대적 위상(relative phase)이라 하고 보통 위상각으로 표현한다. 예를 들어 만일 두 번째 파동의 골이 첫 번째 파동의 마루와 일치하면 그때 상대 위상은 180° 라고 하고 위상이 180° 다르다고 표현한다.

위상각을 기하학의 각과 연관 지어 사용하는 이유는 머릿속에서 생각하

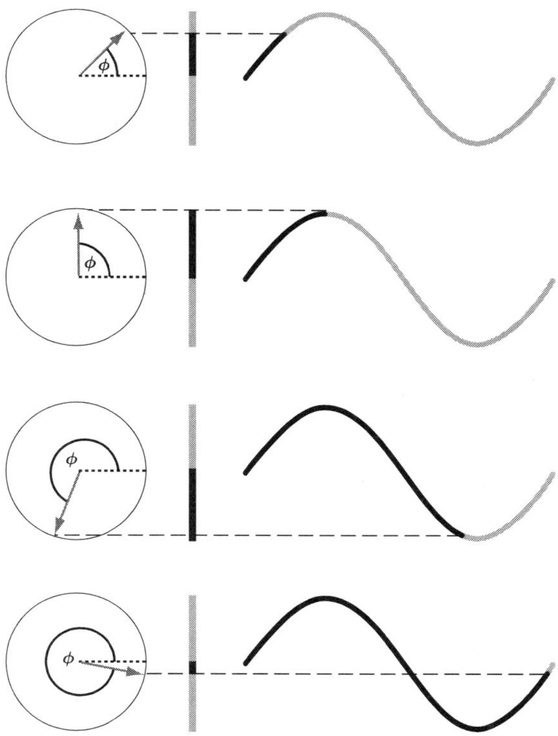

[그림 3.2] 파동의 위상. 위상각 ϕ가 증가하거나 막대가 회전할 때 그 수직방향의 투영은 사인 형태의 운동을 하게 된다.

기가 쉽기 때문이다. 자연에서 나타나는 파동은 대부분 사인(sine) 형태가 된다. 예를 들면 그림 3.2와 같이 어떤 점을 중심으로 막대가 회전하고 한 방향에서 투영시키면 그 궤적은 사인함수의 형태가 된다. 막대가 처음에 가리키던 방향과 현재 막대가 가리키는 방향이 이루는 각을 위상각(phase angle)이라 하고 이 위상각이 지속적으로 증가함에 따라 막대의 투영은 진동을 하게 된다. 위상각이 90° 일 때 투영의 길이는 최대값이 되고 180° 에서는 0이 되며 270° 에서도 반대방향에서의 최대값에 도달한다. 수학적으로 표시하면, 막대의 투영의 길이는 위상각의 사인 값에 막대의 길이를 곱한 값이 된다.

두 파동 사이의 위상차를 알았으므로 두 파가 만나 합성되는 경우에 대해 구체적으로 살펴보자. 예를 들어 같은 방향으로 진행하는 두 개의 파동이 어느 점들에서 서로의 간격을 좁혀가다가 결국 교차되는 경우를 생각해보자. 만일 두 파가 위상이 같으면(교점까지 거리에 해당하는 만큼 이동시켜야 그 파동이 서로 합쳐지는 경우) 그 파동은 동시에 골과 골이, 마루와 마루가 일치하게 된다. 이러한 경우에 합성된 마루와 골은 처음의 2배가 되며 각각의 값을 단순히 더하면 된다. 이와 반대로 두 파동이 위상이 180° 차이가 나는 경우에는 한 파의 마루가 다른 파의 골에 겹치게 되므로 합성파는 서로 상쇄되어 파동의 합은 모든 교점에서 0이 되어 파동이 사라지게 된다.

영의 실험으로 되돌아가 빛이 이중슬릿을 통과할 때 빛이 어떻게 합쳐지는지 살펴보자. 이 실험에서 빛의 광선이 슬릿의 크기와 비교할 때 매우 커서 두 슬릿에서의 파동의 위상이 같다고 가정하고 스크린에 도달하는 두 파동을 추적해보자. 좀 간단하게 하기 위해 슬릿으로부터 스크린까지의 거리가 멀어서 두 파동이 평행한 상태로 스크린에 도달된다고 하자. 이제 우리가 관심을 갖게 되는 부분은 스크린에 도달되는 두 빛이 반대 또는 같은 위상이 되는 위치이다. 사실 이 위치를 확실히 알게 되면 이를 통해 두 빛이 보강되거나 상쇄되는 위치를 결정할 수 있다.

우선 가장 간단한 경우는 바로 정면 방향이다. 두 파동은 정확히 같은 거리를 진행하기 때문에 두 빛은 슬릿을 통과할 때 같은 위상이 되며 위상차는 0이다. 그러므로 그들의 진폭은 더해져서 가장 밝은 점이 된다. 다음으로 스크린의 중심으로부터 작은 거리를 이동한 점에서는 어떻게 될까? 스크린 상에서 그 위치에 도달하려면 한 파동이 다른 파동보다 조금 더 먼 거리를 진행하여야만 한다. 그러므로 그들 사이에는 당연히 작은 위상차가 발생하게 된다. 그렇다면 정확히 180° 의 위상차를 가지려면 중심의 위치에서 얼마나 움직여야 할까? 이 점의 위치에서 바로 첫 번째 어두운 줄무늬가 나타나게 된다. 그럼 여기서 서로 상쇄되는 위치를 구하기 위해 수학적으로 풀어보기로 하자. 첫 번째 파동을 W_1, 두 번째 파동을 W_2라고 하면, 전체 파동은

$$W_{전체} = W_1 + W_2 = W_1 - W_1 = 0$$

이다. 위상이 180° 다른 파동에서 첫 번째 파동이 최대값, 두 번째 파동이 최소값에 해당되므로 $W_2 = -W_1$이 되며 또한 역도 성립한다. 말하자면 위상이 반대라는 것은 두 파동의 부호가 반대라고 말할 수 있다.

두 슬릿 사이의 거리와 빛의 파장을 알게 되면 어두운 무늬의 위치를 계산할 수 있으며, 역으로 슬릿 사이의 거리와 어두운 무늬의 위치를 구할 수 있다. 이것은 영이 사용했던 방법으로서 3장의 마지막에서 언급할 것이다.

영의 실험에서 파동의 합성으로 인해 상쇄되거나 보강되어 생기는 얼룩무늬 패턴은 빛의 전기장과 관련된다. 만일 슬릿으로부터 오는 파의 진폭이 1이라면 어두운 위치에서의 스크린상의 진폭은 0이다. 반면에 밝은 무늬인 경우에는 $1+1=2$로서 진폭이 2배가 된다. 그러나 실제 관찰되는 빛의 밝기(brightness)는 전기장에 완전히 비례하지 않고 전기장의 제곱에 비례한다. 따라서 단일슬릿으로부터 진폭이 1인 균일한 빛을 받은 위치보다 두 번째 슬릿을 통과하는 파가 함께 도달하는 밝은 무늬의 세기는 $2^2=4$로서 4배가 된다. 이러한 원리는 앞으로 양자역학에서 많이 다루게 될 것이다.

3.2 결맞음

이중슬릿 실험에서 마지막으로 소개할 내용은 지금까지 다룬 개념 중 가장 중요한 결맞음(coherence)에 대한 것이다. 이것은 우리가 일상에 사용하는 도구들을 이용해서 쉽게 구체화시킬 수 있다. 이중슬릿 실험에서 슬릿의 두 파동의 위상이 같다고 가정함으로써 스크린 상의 얼룩무늬 사이의 거리를 쉽게 구해낼 수 있음을 기억할 것이다. 그러나 위상이 같지 않다면 어떻게 될까? 예를 들어 두 위상이 대강 맞을 뿐, 그 값이 매초 변하게 된다면 이때는 어떤 결과가 될까? 자세한 수학적 설명은 생략하기로 하지만 위상차이가 0이 아닌 경우는 얼룩무늬가 더 바깥쪽으로 이동된다는 것을 쉽게 보일 수가 있다. 즉, 중심부분을 포함한 모든 얼룩무늬는 양옆으로 이동하게 된다. 만일 상대 위상차가 시간에 따라 변화하는 경우에도 역시 얼룩무늬가 변화한다. 따라서 0° ~360° 사이의 가능한 값 사이에서 마구잡이로 결정되는 상대 위상은 얼룩무늬가 스크린 상의 모든 위치에 나타날 수 있게 만든다. 이 과정이 충분히 빠르다면 우리의 눈은 실제로 빠른 변화를 감지할 수 없기에 결과적으로 스크린 전체가 일정하게 평균적으로 빛나게 되는 것이다(영화는 눈에 남는 잔상과 같은 원리로 연속적인 것처럼 보인다).

영의 실험에서 보통의 전구를 사용한다면 간섭무늬는 사라진다. 왜냐하면 전구나 촛불은 서로 결맞지 않는(incoherent) 빛이기 때문이다. 전구나 촛불은 광원의 서로 다른 부분으로부터 오는 파동이 마구잡이 값의 위상을 갖는다. 이것은 전구 내부에서 빛이 어떻게 생성되는지를 알게 되면 쉽게 이해될 것이다. 수면을 막대기로 두들기면 파동이 생성되는 바와 같이 전구 내부에서도 같은 원리로 빛이란 파동이 생성되기 때문이다.

전자기파에서는 그런 외부적인 충격을 주는 것은 바로 전자(electron)에 해당된다. 전자를 어떤 주파수로 규칙적으로 아래위로 진동시키면 그 주파수의 전자기파가 방출된다. 전구의 경우에 이러한 진동은 필라멘트를 통과하는 전류에 의해 만들어지게 되며 필라멘트를 2000 ℃까지 올라가게 한다. 이 온도에 있는 필라멘트의 전자들은 질서 없이 날뛰는 상태를 상상하면 될 것이다. 필라멘트의 다른 위치에 있는 전자들은 독립적으로 여기상태에 다다르게 된다. 그러므로 서로 다른 곳에서 방출되는 빛은 같은 위상에 있을 수 없다. 결과적으로 상대 위상은 시간에 따라 마구잡이로 변하게 된다. 이 경우를 빛이 결맞지 않는다고 말한다. 그리고 실제로 결맞지 않는 빛이 사용되면 영의 실험에서 간섭무늬를 만들 수가 없게 되는 것이다.[3)]

따라서 전구나 촛불에서 직접 나오는 빛이 간섭이 되게 하려면 두 개의 슬릿을 통과하기 전에 한 개의 작은 슬릿 판을 놓아두면 된다. 이러한 방법으로 광원으로부터 오는 빛의 작은 부분만을 선택하여 그 부분이 서로 결맞도록 만들면(전구에서는 필라멘트의 극히 제한된 지역에서 오는 빛만을 택하는 것과 같다) 파동의 위상이 같아지게 된다. 단일슬릿으로부터 오는 빛의 이러한 간섭파들은 회절격자에 의해 부채꼴로 퍼지게 되며 더 좁은 간격의 슬릿에 의해 더욱 많이 퍼지게 된다. 단일슬릿 판으로부터 충분히 먼 거리에 이중슬릿을 놓아둠으로 영의 간섭무늬를 재현시킬 수 있다.

한편 다른 종류의 결맞음도 있다. 광원 내에서 다른 위치에 의한 결맞음이 아닌 파동이 얼마나 오래 지속되는가에 관계된 결맞음이 있다. 이것을 시간 결맞음(temporal)이라고 하며(종파에 해당) 앞에서 설명한 공간 결맞음(횡파에 해당)과 반대되는 개념이다. 시간 결맞음은 생성된 파동이 방해받지 않고 평균적으로 얼마나 오래 지속되는가에 달려 있다.

3.3 편광

빛의 편광은 파동이 진동하는 전자기장의 방향에 해당한다.[4)] 만일 전자

---

3) 전구나 촛불에 의한 빛은 많은 색깔의 빛, 즉 서로 다른 파장의 빛을 포함한다. 각각의 파장들은 얼룩무늬의 간격이 다르게 된다. 따라서 광원이 결맞는 경우일지라도 그 무늬가 다소 불분명해지게 된다.

기장이 위아래로 진동한다면 그 빛은 수직 편광되었다고 할 수 있다. 마찬가지로 수평 편광은 전자기장이 좌우로 진동하는 것을 말한다. 수직, 수평 편광은 그림 3.3 (a)에서 보는 바와 같이 두 개의 화살표로 표시한다. 빛의 전기장은 크기와 방향이 있는 벡터이다.

두 개의 광파는 합성될 수 있다. 파장이 같은 두 개의 파동에서 만일 위상이 같으면 합성파의 진폭은 각 파동진폭의 두 배에 해당된다. 위상이 반

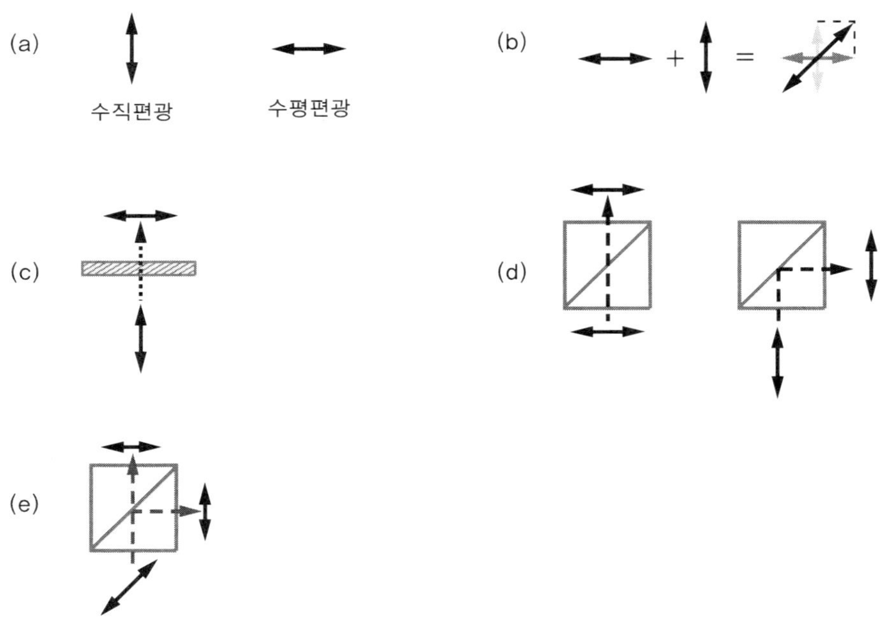

[그림 3.3] (a) 광파의 편광은 수직과 수평 방향의 화살표로서 나타낸다. (b) 이 화살표는 벡터의 덧셈 규칙에 의해 합한다. (c) 파장판이 회전을 위해 사용된다. 즉 수직 편광을 수평 편광으로 바꾸기 위해서 사용된다. (d) 편광분리기는 수평 편광을 투과시키거나 수직 편광을 편향시키는 데도 사용된다. (e) 만일 원래의 파의 편광방향이 대각선이라면 편광분리기는 반은 수평 편광으로 투과시키고 반은 수직 편광으로 편향시킨다.

---

4) 여러분은 왜 전자기파에서 자기장은 무시하고 전기장만 언급하는지 의문을 가질지도 모른다. 그 이유는 빛의 자기장의 크기는 전기장보다 훨씬 더 작기 때문이다. 대부분의 경우 자기장 부분은 거의 무시된다.

대인 경우라면 진폭은 0이 된다. 이것을 중첩의 원리(principle of super position)라고 한다. 이러한 중첩의 원리는 편광벡터에서도 적용될 수 있다. 예를 들면 위상과 파장이 같으면서 다른 편광방향을 가진 두 개의 파동을 생각해보자. 그 파동의 하나는 수직 편광되어 있는 반면 다른 것은 수평 편광되어 있다고 하자. 이런 편광은 상하 방향의 화살표와 좌우 방향의 화살표로 표시될 수 있다. 그렇다면 이 두 파동의 합성된 편광방향은 어떤 방향일까?

이 질문에 답하려면 편광을 나타내는 화살표들을 벡터적으로 합성해야 한다. 벡터의 끝점에 다른 벡터의 시작점을 붙인 다음 처음 벡터에서 두 번째 벡터의 끝점까지 이어 주어 벡터를 합성할 수 있다. 따라서 수직방향과 수평방향의 벡터의 합성은 대각선 방향이 된다. 이러한 예는 그림 3.3 (b)에 잘 나타나 있다. 벡터는 기호 위에 작은 화살표를 써서 표시하는데 두 벡터의 합성을 기호로 표시하면 다음과 같다.

$$\vec{v}_{\text{전체}} = \vec{v_1} + \vec{v_2}.$$

특정 편광을 갖는 광파는 많은 방법으로 만들어질 수 있다. 예를 들면 편광 방향은 각 θ에 의해서 회전될 수 있다. 90° 회전을 하면 수직 편광빛은 수평 편광으로 되는데(**그림 3.3 (c)**) 실제로 반파장판이란 광학소자로 만들 수 있다. 빛의 편광에 대해 파장판을 어떤 방향으로 놓느냐에 따라 편광벡터가 회전될 것이다.

편광벡터의 회전을 수학적으로 표시하려면 벡터 $\vec{v}$를 벡터 $\vec{v}^*$로 회전시키는 연산자 U를 쓰면 된다. 예를 들어 수직 편광벡터에 연산자 $U_{90°}$를 작용시키면 수직 편광벡터를 90° 회전하여 수평 편광벡터 $\vec{v}_{\text{수평}}$로 변환시키는 표시이다. 따라서 수식으로는 다음과 같이 쓸 수 있다.

$$U\vec{v}_{\text{수직}} = \vec{v}_{\text{수평}}$$

연산자 U는 수학책에서 회전 행렬 벡터로서 알려져 있으나 여기에서는 더 이상 자세히 다룰 필요는 없을 것 같다.

우리가 앞으로 자주 마주치게 될 광학소자는 편광분리기(polarizing beam-splitter)이다[5]. 만일 편광된 빛을 이 장치에 비추면 빛이 출력되는 방향은 다른 방향이며 빛의 편광방향에 따라 각각 다르게 출력된다. 빛이 수평 편광이라면 그대로 통과되지만 수직방향이면 90° 로 편향된다(**그림 3.3 (d)**). 만일 파장판과 분리기를 함께 사용한다면 실제로 광 스위치와 같은 기능의 장치를 만들 수도 있다. 즉, 파장판을 사용하여 빛이 직선으로 가게 하든지 아니면 90° 로 편향되도록 만들 수 있다.

수직도, 수평도 아닌 파장판을 45° 회전하면 어떤 일이 일어날까? 이를 수학적으로 예측해보려면 벡터의 합성을 반대로 해 보면 된다. 길이가 1인 대각선 방향 벡터의 각 성분은 수직벡터와 수평벡터로 이루어져 있다. 한편 편광벡터의 길이는 단순히 파동의 진폭이므로 편광과 진폭에 대해서도 같은 수학적인 방법을 사용하면 되는 것이다.

이제 수학의 기본 정리, 즉 피타고라스 정리를 이용하면 수직과 수평성분의 각각의 길이는 $1/\sqrt{2}$ 이 된다. 대각선으로 편광된 빛은 수직과 수평의 두 편광으로 분리되고 물론 다시 두 성분을 합하면 당연히 대각선 편광이 될 것이다. 각 성분의 빛의 세기는 그 크기가 $1/\sqrt{2}$ 이라는 말이기도 하다. 또한 빛의 세기는 진폭의 제곱에 비례하므로 빛의 각각의 세기는 1/2이 된다. 그러므로 두 빛의 각각의 세기 1/2과 1/2을 합하면 그 세기가 1인 대각선 방향의 편광인 빛살의 세기가 나오게 되는 것이다.

이제 대각선으로 편광된 빛이 편광분리기를 통과하면 어떻게 될 것인가를 예측할 수 있다. 중첩의 원리를 다시 적용해보기로 하자. 빛에 대한 정보를 알려면 두 성분에 대한 정보를 파악해야 한다. 명확하게 말하자면 수평 편광된 부분은 직선으로 분리기를 투과할 것이고 반면에 수직으로 편광된 부분은 90° 로 편향을 일으키게 된다. 결과적으로 대각선 빛은 두 방향으로

---

5) 편광과는 무관하게 빛살을 단순히 두 부분으로 나누는 비편광분리기도 있는데 이것도 결국은 빛을 편광시키는 속성이 있다.

분리되며 각각의 파는 다른 방향으로 진행된다(**그림 3.3(e)**).

대각선 편광을 분리시키는 다른 방법으로는 투영(projection) 방법이 있다. 수직과 수평의 편광벡터가 길이 1의 대각선 벡터로 어떻게 합성되는가를 알기 위해서 대각선 방향의 벡터를 수직과 수평방향으로 투영시켜 보는 것이다. 예를 들어 편광벡터가 작은 막대기에 해당한다면 빛을 한 옆면에서 비추어 수직방향의 그림자를 만들 수 있다. 수평방향의 그림자를 얻으려면 마찬가지로 위에서 빛을 비추어야 한다. 이 두 개의 그림자를 벡터적으로 더하게 되면 결국 본래의 편광벡터를 얻게 되는 것이다.

처음에 이미 언급했듯이 빛의 세계를 탐험하기에 앞서 현재는 핵심적인 것만 살펴보았다. 이제 여러분은 위상, 간섭, 결맞음이란 용어들에 약간 익숙하게 되었으리라고 본다. 광파는 결맞거나 결맞지 않을 수 있다(또는 그 사이에 있을 수도 있다). 이러한 용어와 개념은 양자역학을 다룰 때 중요한데, 양자세계는 결맞음이 일어나다가 도중에 결맞지 않게 될 수도 있기 때문이다(양자계가 결맞지 않다는 것은 놀랄 만한 일이 아니다). 또한 빛의 편광은 방향성을 갖는 작은 화살표의 벡터로 표시할 수 있다는 것도 알게 되었을 것이다.

빛에 대한 기본적인 사항은 아직 더 많이 있겠지만 현재는 이것으로 충분하다고 생각된다. 사실 우리가 급히 서둘러 여기까지 온 것은 20세기 초 세계관이 어떻게 극적으로 변화했는지 살펴보고자 하기 때문이 아니겠는가!

04 장

자연 현상의 새 흐름

양자 이야기

드디어 이제 본 주제인 양자역학에 대해 시작할 준비가 된 것 같다. 양자역학(quantum mechanics)은 지난 100년 간의 물리학이론 중에서 가장 중요하다고 강조해도 결코 지나치지 않다. 양자역학이야 말로 전자공학과 레이저, 양자정보 등 수많은 중요 기술을 발전시켰을 뿐 아니라 우리가 자연을 이해하는 방법을 근본적으로 바꾸어 놓았기 때문이다.

4.1 절망 속의 마지막 행동

양자이론의 탄생은 20세기의 시작과 동시에 이루어진 사건으로 기억에 남을 만하다. 이 무렵 켈빈 경은 물리학의 종말에 대한 예언을 한 바가 있고, 독일의 물리학자 막스 플랑크(Max Planck, 노벨상을 수상했고 그의 이름을 딴 연구소들이 독일에 있다)도 자신의 연구 중에 어려움에 직면하게 되어 그 주제에 대해 연설을 하게 된다. 그 연설에서 '양자(quantum)'는 물리학의 세계에 처음 등장하게 된다. 플랑크가 '양자'라는 개념을 만들어낸 것은 바로 새로운 세계에 대한 열정보다는 절망 속에서 한 마지막 행동이었다. 플랑크는 당시 흑체 복사에 대한 연구를 하고 있었는데 근본적으로 가로놓인 어려움에 봉착되어 있었다. 물리학에서 흑체(black body)란 모든 복사선을 흡수하는 물체를 말하는데 그런 특성 때문에 흑체는 어떤 온도에서 특정 파장의 스펙트럼의 복사선을 방출하게 된다. 흑체가 복사하는 파장은 물체의 온도에만 의존하게 된다. 400 ℃ 정도 이하의 온도에서 복사선의 대부분은 1 μm 이상의 파장을 갖는 비가시영역의 복사선으로 이루어지며 검은색으로 보이게 된다. 이런 이유에서 흑체라 부른다. (반면에 뜨거운 용암은 온도가 1000 ℃ 이상이며 붉게 보인다. 예를 들어 용융된 금속 조각을 생각하면 될 것이다.)

실제로 완전한 흑체에 근접한 것의 예를 들면, 복사선이 들어오거나 나갈 수 있는 작은 구멍이 있는 속이 빈 물체인데 이를테면 속이 빈 구나 네모상자의 물체들이 있다. 구멍을 통과하여 들어가는 어떤 복사선은 흑체의 내부의 벽에 흡수되지만 작은 구멍을 통해서 방출되는 양은 거의 없다. 이러한 방법으로 흑체 내부는 평형상태에 도달된다. 이때 구멍을 통하여 내부의 벽에 흡수되는 복사선은 벽에 있는 원자들을 더 빠르게 여기시킨다(더 빠르게 여기된다는 것은 온도가 더 높게 올라감을 의미한다). 빨라진 원자들로 하여 흑체 벽은 짧은 파장 영역에서 많은 복사열을 방출하면서 에너지가 빠르게 감소된다. 결국 흑체는 특정온도에서 열평형이 되어 안정 상태가 된다. 흑체 연구에서 매우 흥미로운 점은 흑체가 방출하는 복사 스펙트럼, 즉 파장에 따른 복사 분포는 물체의 재질이나 물체의 형태에 전혀 의존하지 않는다는 점이다. 흑체 복사의 복사 스펙트럼을 추정하기 위해 필요한 것은 단지 온도일 뿐이다. 예를 들면 5000 ℃ 근처에 있는 흑체는 오렌지 빛에 해당하는 0.6 μm 정도의 파장에서 가장 강한 복사선을 방출한다. 온도가 증가함에 따라 파장은 더 짧은 쪽(노란색과 청색)에 가까워지다가 더 높은 온도에서는 백색광을 방출한다(즉, 가시영역의 모든 빛이 합쳐진 복사선이다). 그런데 여기서 주목할 만한 사실은 흑체의 복사선을 바로 수치로만 설명하려 하면 모순되고 혼란한 양상이 나타난다는 것이다. 플랑크는 이 문제에 대해 연구하던 중 어떤 방법으로 시도하든지 설명하기 어려운 난처한 상황에 처하게 됨을 깨닫게 되었다.

플랑크는 전자기파와 열역학(물체의 온도와 에너지를 설명할 수 있는 분야)을 이용하여 특정 온도에서 흑체 복사를 계산하려 하였는데 좀처럼 실험적인 데이터를 설명할 수 있는 공식을 발견할 수 없었다. 플랑크가 기술한 표현 그대로[6] "절망 속의 마지막 행동"으로 플랑크는 과감한 가정을 하지 않을 수 없었다. 그는 흑체 안에 포함된 빛 에너지를 알갱이처럼 여기고 어떤 기본단위(플랑크는 뜻밖에 도입한 이 단위를 h라고 불렀는데 실제로 이것을 도입한 플랑크의 공식은 실험과 잘 일치하였다)의 정수배라는 가정을 하게 된 것이다. 상수 h를 도입하는 데 직관 이상의 아무런 동기는 없었지만 플랑크는 이미 전하의 기본단위라든가 또는 빛의 속력과 같은 자연의 기본량이 존재함을 직감적으로 느끼고 있었다.

불과 몇 년 후인 1905년에 플랑크의 아이디어를 받아들인 사람은 스위스 특허청에 근무하던 젊은 심사관인 아인슈타인이었다. 그는 막 학위를 끝내고 스위스 베른의 특허청에서 일하고 있었다. 아인슈타인은 전동타자기와 자갈분류기[7]에 대한 특허를 심사하는 일 틈에서도 물리학의 혁명을 일으킬 만한 세 개의 논문을 세상에 내놓았는데 이 논문들은 각각 서로 다른 주제를 다루고 있다. 그중의 하나는(그해에 출간된 것 중 가장 나중의 것이다) 브라운 운동에 대한 원자적 가설을 증명한 것이고, 다른 것은 이미 앞에서 설명했던 상대론에 대한 논문이다. 그러나 1905년에 처음으로 출간된 논문(바로 이 논문으로 아인슈타인은 노벨상을 수상한다)은 전혀 다른 문제를 다루고 있다. 당시 이미 이삼 년 전부터 금속의 표면에 여러 파장과 세기를 가진 빛을 쪼여 그 효과를 알아보는 광전효과는 상식과 다른 실험 결과를 나타내고 있었다.

---

6) H. Kragh(2000).
7) 아인슈타인이 처리했던 특허 출원에 대해 호기심이 있다면 아래 인터넷사이트에서 그 목록을 확인할 수 있다. http : //www.ige.ch/E/institut/i1094.shtm

4.2 광자 다발

금속 표면에 빛을 쪼이면 금속 표면에 있는 전자가 튀어나오는 현상이 1840년 이후 발견되었는데, 이 현상을 광전효과(photo-electric effect)라고 부른다(**그림 4.1**). 광전효과의 여러 가지 실험 결과는 당시의 물리학이론으로 설명해낼 수 없었다. 우선 첫째로 금속에 빛을 비추는 순간 전자들이 방출된다는 사실이다. 이것은 전자기의 이론으로는 충분한 설명이 되지 않는다. 전자기이론에 의하면 전자를 금속 표면으로부터 방출(금속 내의 원자핵의 인력으로부터 탈출시키는 것을 의미한다)시키려면 전자들에게 충분한 에너지가 전달되어야 하는데 그러려면 빛이 쪼여진 후 어느 정도 시간이 경과되어야 한다. 둘째로 전자를 방출하기 위해 필요한 빛은 세기와 전혀 무관하고 단지 파장에만 관계되었다. 빛의 세기를 증가시킨다 하더라도 더 많은 전자들을 방출시킬 뿐 튀어나오는 전자들의 에너지가 증가하지는 않았

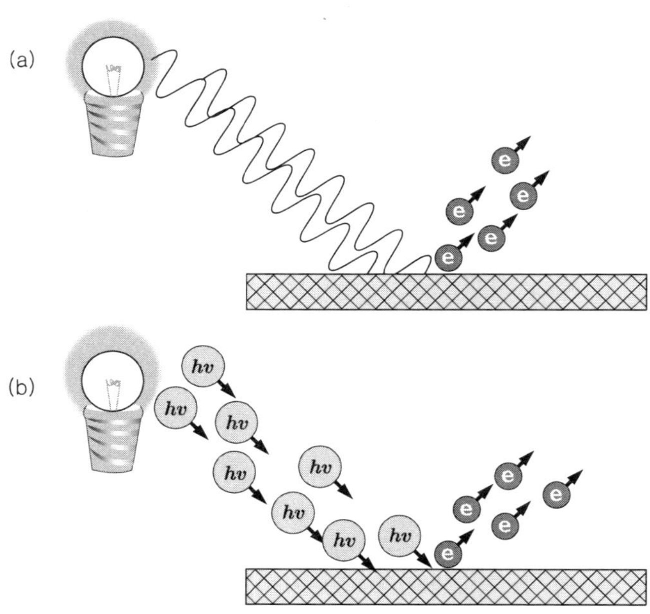

[그림 4.1] 광전효과. (a) 빛을 금속 표면에 쏘여 주면 전자들이 방출된다. (b) 아인슈타인은 광전효과를 광자들이 금속 표면의 전자와 충돌하는 것으로 설명하였다.

다. 빛의 파동이론에 의하면 충분히 오랜 시간 동안 일정한 파장의 빛을 쪼여주면 축적된 복사선은 전자들에게 충분히 큰 에너지를 전달할 수 있는 것으로 알려져 있었다. 따라서 이러한 파동이론에 의해서는 광전효과를 설명할 수가 없었다.

아인슈타인은 빛의 양자화 개념을 적용하면 광전효과의 두 가지의 수수께끼를 즉시 풀 수 있음을 알았다. 빛이 작은 입자, 즉 광자(photon)[8]로 만들어졌다고 가정한다면 이 광자들은 금속에 부딪치자마자 즉시 금속으로부터 전자를 방출시킬 수가 있다. 또한 아인슈타인은 광자의 에너지가 진동수에 비례하여 커진다고 가정하였다(또는 광자의 에너지는 파장에 반비례한다). 이것을 수식으로 표현하자면

$$E = h\nu$$

이며 여기서 E는 광자들의 에너지, ν는 진동수, h는 플랑크 상수이다. 이 공식은 현재의 통화량을 전환할 때 쓰는 환산식과 같다. 예를 들면 달러를 유로화로 바꿀 때 사용하는 환율전환식과 유사한데 이때의 비례상수는 대략 1.5(예를 들어 2007년 초라고 가정하자)가 될 것이다. 실제로 플랑크 상수는 에너지를 교환하는 데 쓰이는 '자연의 환율 공식'이라 표현할 수 있다. 진동수 ν를 갖는 광자는 충돌을 통해서 h의 단위로 전자에게 에너지를 전환시킨다. 여기서 h는 가장 작은 단위이며 생각하기 어려울 만큼 작은 양이다. h의 값은 아인슈타인의 광전효과 이론이 발표된 7년 후 로버트 밀리컨(Robert Millikan)에 의해 측정되었는데, 그 값은 6.63×10^{-34} J·s 이다. "10^{-34}"란 소수점 이하로 34번째, 35번째, 36번째의 각 숫자 663이 오기 전에 0이 33개나 되는 작은 값을 말한다. 여기서 1 J(주울)이란 에너지의 공식적 단위로 1초 동안에 1 W(와트)의 전구가 소모하는 에너지에 해당되는 값이다. 광자들이 얼마나 작은 에너지를 갖는지 예를 좀 더 들어보기로 하자. 1 ℓ 의 물을 실온에서 끓게 만들려면 대략 340,000 J의 에너지가 필요

8) '광자'라는 용어는 20년 후에 길버트 루이스(Gilbert Lewis)에 의해 도입되었다.

한데 5×10^{14} Hz 진동수(이에 해당되는 파장은 0.6 μm 이다)의 빨간 빛을 내는 광자들은 매우 작은 에너지인 3.3×10^{-19} J 정도이다. 그렇다면 1 ℓ 의 물을 끓게 하려면 얼마만큼의 광자가 필요한 걸까? 바로 10^{24}개의 광자가 필요한 것이다.

4.3 불확정성 원리

아인슈타인의 가정은 광전효과를 설명해내는 데 매우 성공적이었다. 그리고 플랑크의 추상적 양자 개념이 실체화하는 뚜렷한 계기를 만들었다. 그럼에도 불구하고 양자이론은 탄탄대로로 들어서기까지는 20년의 세월을 더 기다려야 했다. 양자이론의 잠재력을 일깨운 사람은 바로 당시 독일의 젊은 물리학자인 베르너 하이젠베르크(Werner Heisenberg)였다. 하이젠베르크는 그리스 철학자 플라톤의 이론을 탐닉하다가 물리학에 매력을 느껴 물리학을 연구하게 되었다. 양자물리학에 대한 그의 시각을 한마디로 압축시키면 "인간이 자연에 대해 합리적인 질문을 어느 정도까지 던질 수 있는가?" 였다. 예를 들어 공간 속에 날아가는 입자의 궤적에 대해서 "어디에 있는지, 그리고 어떤 방향으로 얼마의 속력으로 움직이는지 과연 얼마나 정확하게 알 수 있는가?"에 대해 의문을 가졌다. 이러한 질문은 물리적 표현으로 바꾸어보면 "입자의 위치와 운동량은 동시에 정확하게 알 수 있는가?"[9]라고 할 수 있다. 이러한 질문이 합리적이지 않다고 한다면 좀 의아스러울 것이다. 우리는 일상생활에서 "이 차는 2번 고속도로의 35.2 km 떨어진 곳에서 북쪽으로 시속 120 km로 달리는 중이야." 라고 당연하게 말한다.

그러나 양자역학에서는 그런 식으로 말을 할 수 없다. 하이젠베르크는 양자세계에서 소위 한 쌍으로 관측되는 물리량(위치와 운동량이 그 한 쌍이

9) 운동량은 운동하는 물체의 속도와 물체의 질량을 곱한 값이다. 두 입자들 사이의 충돌에서 운동량의 합은 보존된다.

된다)들은 서로 교환하는 데 어떤 원리가 있음을 증명하였다. 즉, 하나의 관측량에 대해서 정확히 알게 되면 다른 관측량에 대해서는 더 알 수 없게 되는 원리이다. 더 엄밀하게 말하자면 한 관측량에 대한 측정 불확정도와 두 번째 관측량의 불확정도를 곱한 값은 일정한 상수값보다 더 커야 한다는 것이다. 바로 이 상수가 플랑크 흑체 복사의 계산에서 나온 상수 h라는 것은 그리 놀라운 일이 아닌지도 모른다. 따라서 유명한 하이젠베르크의 불확정성 원리(uncertainty principle)를 간단한 공식으로 쓰면

$$\Delta x \cdot \Delta p \geq h/4\pi$$

이다. 이 공식에서 Δ는 관측량에 대한 불확정도를 나타내며, x와 p는 각각 입자의 위치와 운동량이다.

원리적으로 이 방정식은 어떤 측정에도 적용되며 심지어 자동차의 위치와 속력에 대한 측정에 대해서도 적용될 수 있다. 그러나 플랑크 상수가 매우 작아서 일상생활의 거시적인 물체에 대해서는 불확정성 원리에 의한 조건을 무시할 수 있다. 예를 들어 자동차의 경우에 시속 1 mile의 정밀도로 차의 속력을 측정하고자 한다면 하이젠베르크의 공식으로부터 차의 위치에 대한 측정 불확정도는 10^{-37}m가 되는데 이는 원자의 크기보다 더 작은 값이므로 무시할 수 있는 오차이다. 그러나 우리가 자동차에 비해 10^{33}분의 1만큼 더 가벼운 전자에 대해서 측정 불확정도를 계산한다면 위치 불확정도는 거의 수밀리미터 정도의 값이 되는데 전자의 경우에는 결코 무시할 수 없는 값이다.

4.4 원자를 본 적이 있는가?

원자와 전자에 대해 생각해보자. 광자나 빛의 개념이 양자역학의 시작에 중요한 역할을 했듯이 원자와 전자는 이제 시동이 걸린 양자역학을 발전시키는 데 중요한 단서를 제공하게 된다. 20세기 들어서 거의 20여 년 동안

원자는 실제로 존재하는지조차 확신하지 못했기 때문에 양자역학의 분야에서 거의 거론될 수 없었다. 1897년 말까지도 독일의 물리학자 에른스트 마하(Ernst Mach)는 확고하게 원자가 존재하지 않는다고 단언하였다. 마하는 다른 사람들로부터 원자가 존재한다는 도전을 받을 때마다 “글쎄요, 당신은 원자를 본 적이 있습니까?”라고 묻곤 했다. 물론 아무도 원자를 본 적이 없었다.

믿기지 않겠지만 플랑크와 아인슈타인이 빛의 양자화 개념을 물리학에 도입한 그때에야 비로소 과학자들 사이에서 원자가 물질의 근본이라는 것을 받아들이는 분위기였다. 그 과정에서 결정적인 기여를 한 것은 아인슈타인의 논문이었다. 1905년에 발행된 아인슈타인의 세 논문들 중의 한 개는(이미 언급했듯이 광전효과와 상대성 이론에 대한 논문이 함께 출간되었다) 현미경에서 관찰되는 작은 먼지 입자들의 브라운 운동에 대한 것이었다. 아이슈타인은 이 논문에서 여기상태에 있는 원자들이 서로 마구잡이로 이리저리 튀는 브라운 운동(Brownian motion)을 설명하였다. 원자들을 직접 보는 것은 불가능할지라도 다른 효과들로부터 원자들의 존재를 간접적으로 유추하는 것은 가능하다. 확실히 몇 년 뒤에 프랑스의 실험물리학자인 장 페랭(Jean Perrin)은 아인슈타인의 가정을 정량적으로 확인하였다. 그리하여 너무 작아서 원자의 실체를 볼 수 없음에도 물질은 원자라는 분해할 수 없는 작은 입자로 구성되었다고 보편적으로 받아들여지게 되었다.

원자(atoms)라는 단어는 그리스의 어원의 분해할 수 없다는 뜻에도 불구하고 원자는 더 이상 나누어지지 않는 기본입자가 아니라는 것이 판명되었다. 원자는 양이나 음으로 대전된 입자들, 즉 양성자(proton)와 전자(electron), 그리고 중성자(neutron)로 구성되어 있다. 실제로 아인슈타인과 페랭이 원자의 존재를 증명하기도 전에 양성자와 전자는 이미 많은 실험에서 관찰되고 중성자는 1932년에 처음으로 제임스 채드윅(James Chadwick)에 의해서 발견되었다. 그러나 원자가 다른 입자들로 구성되어 있음이 밝혀졌다고 해도 원자 내부에 그 입자들이 어떤 형태로 배치되어 있는지는 거의 알지 못하였다.

원자에 대한 초기 모형은 전자의 발견자인 조셉 존 톰슨(Joseph J. Thomson)에 의해 시도되었는데 이 모형은 옳지 않음이 판명되었다. 톰슨의 원자모형은 양성자와 전자가 전기적으로 대전되고 원자는 중성이라는 사실을 바탕으로 제시되었는데, 양성자들로 이루어진 빵 반죽덩어리에 전자라는 건포도가 박혀 있는 구조로 보았다. 그러나 얇은 금속 박막에 전자를 충돌시키는 실험을 하였을 때 원자들의 대부분이 금속 박막을 단순히 통과할 뿐, 포획되거나 편향되는 것은 극히 드물었다. 원자의 내부가 건포도가 박힌 빵의 구조가 아니라는 것이 증명된 것이다.

전자 충돌 실험 이후 몇 년 후인 1909년에 어니스트 러더퍼드(Ernest Rutherford)는 전자 대신 알파입자들을 가지고 이와 비슷한 충돌 실험을 하였다. 이 알파입자는 방사능 물질로부터 방출되며 두 개의 양성자와 두 개의 중성자로 이루어진 입자이다(사실은 헬륨 원자핵이다). 전자에 비해 알파입자는 매우 무거운데 러더퍼드는 알파입자가 대부분의 방향에서 원자들에 의해 산란될 것을 기대하고 있었다. 그러나 기대와 달리 알파입자의 대부분은 얇은 금속을 통과해버리고 아주 일부의 알파입자들만(대략 8,000개 중에 한 개 정도만) 입사된 경로로 되튀는 현상을 발견하였다. 후일에 러더퍼드는 그 실험을 회상하면서 티슈 더미에 15인치의 포탄을 발사했을지라도 그 포탄이 다시 되튀어서 그 자신을 칠 것 같다고 말하였다. 따라서 이 실험을 논리적으로 설명하려면 입사된 입자들이 대부분은 빈 공간을 통해 통과되어 지나가지만 그중 몇 개만이 아주 단단한 장애물에 부딪히게 된다는 설명만이 가능한 것이다.

러더퍼드는 단단한 장애물을 양으로 대전된 원자핵(atomic nucleus)이라고 하였고, 대부분의 전자가 이 장애물과 부딪히지 않고 지나쳐가므로 원자핵은 한 장소에만 몰려 있어야 한다고 추론하였다. 따라서 전자들은 태양을 중심으로 도는 행성들과 같이 핵 주위를 돌고 있고 그 사이에는 빈 공간이 존재한다는 것이다. 이러한 원자모형은 당시에 알려진 모든 현상을 다 포함하여 설명할 수 있는 원자모형이었을 뿐 아니라 어떤 의미에서는 상당히 심미적인 호소력도 가지고 있었던 것 같다. 중심의 원자핵을 도는 전자들은 내재적인 아름다움과 대칭성을 가지고 있으며 태양계와 비슷하다. 따라서 원자도 비록 작지만 역학적으로 해석될 수도 있다는 희망을 과학자들에게 갖게 해 주었다. 그러나 얼마 못가서 그 희망은 곧 산산이 부서졌다.

4.5 안정성의 문제

전자들이 원자핵 주위를 도는 원자모형이 불가능한 이유는 3장에서 언급한 여러 현상들로 설명된다. 진동하거나 여기상태의 전자들은 전자기파를 방출하게 된다. 그런데 원자 속에 있는 전자의 원 궤도 운동은 2차원 진동과 같다. 따라서 전자들은 연속적으로 전자기 복사선을 방출하게 된다. 전자들은 전자기파 복사를 통해 에너지를 방출하고 점점 운동이 느려지게 될 것이다. 전자들이 속도가 느려지면 더 이상 핵 주위에서 안정된 궤도로 회전할 수가 없고 결국에는 원자핵으로 떨어지게 될 것이다. 전자기학 이론으로는 이 결과를 피할 수가 없다. 그래서 물리학자들은 전자가 모든 에너지를 잃기 전에 얼마나 오랫동안 원자핵 주위를 회전할 수 있을지 계산하였다. 그 결과는 매우 참담했다. 1초보다도 훨씬 작은 시간 안에 전자는 핵과 충돌해야만 한다. 결국 러더퍼드 모형의 안정된 원자는 존재할 수가 없으며 명백히 러더퍼드 모형은 틀린 이론이었다.

그때 덴마크의 코펜하겐에서 연구하던 물리학자인 닐스 보어(Niels Bohr)는 이에 굴하지 않고 확실히 안정된 원자가 존재하므로 원운동하는 러더퍼드의 원자모형이 가능하도록 보정해야만 한다고 생각하였다. 보어는 전자가 핵 주위에서 어느 궤도에서든지 가능한 것이 아닌 몇 개의 '허용된 궤도'에서만 원운동하는 것으로 가정하였다. 이 가정은 스위스의 수학교사 요한 발머(Johann Balmer)가 수소 스펙트럼선에 대한 공식을 발견하게 됨으로써 그 타당성이 인정되며 고무되었다. 그때까지 어떤 원소가 방출하거나 흡수하는 빛은 구별되지 않는 것으로 알려져 왔으나 원소마다 방출하거나 흡수하는 특정한 파장이 있음을 알게 되었다. 이처럼 원자마다 갖는 스펙트럼은 1802년에 윌리엄 울러스턴(William Wollaston)과 1814년 조셉 프라운호퍼(Joseph Fraunhofer)에 의해 발견되었다. 프라운호퍼는 태양빛인 백색광을 프리즘으로 분리시킬 때 몇 개의 색깔의 띠가 '사라져' 버리는 것을 관찰하였다. 60년이 지난 후 로베르트 분젠(Robert Bunsen, 분젠 버너의 발견자)과 구스타프 키르히호프(Gustav Kirchhoff)에 의해 이 띠들이 각 원소의 고유한 특성을 나타낸다는 것을 보였으며 프라운호퍼선이라고 부르게 되었다. 프라운호퍼선은 태양 스펙트럼에서 특정 파장에서 흡수됨으로써 검은색으로 나타나기도 하며, 어떤 물질을 태울 때에 밝은 선의 방출 스펙트럼으로 나타난다.[10)]

수소원자 스펙트럼을 조사하면서 발머는 놀랍게도 스펙트럼에서 나오는 모든 파장을 계산하여 정수비가 포함되는 공식을 발견하였다. 이번에는 보어가 정수를 포함하는 러더퍼드 모형의 고정된 궤도 값들을 찾았다. 보어는 원자 속의 전자의 궤도 각운동량(angular momentum), 즉 운동량과 궤도 반지름을 곱한 값인 각운동량이 반드시 플랑크 상수의 정수배가 되어야 한다고 가정하였다(이것은 아인슈타인의 광자가 h의 정수배인 에너지를 갖게 되는 것과 같은 맥락이다). 이렇게 특정한 궤도에 있다고 가정하면 원자 내에서 전자가 에너지를 방출하여 핵에 포획되는 일은 결코 일어나지 않는다. 전자의 속도가 바뀌려면 전자가 하나의 허용된 궤도에서 다른 궤도로 도약을 해야 하며 그때마다 h의 정수배만큼의 복사선이 방출되어 가장 낮은 궤도로 도달하게 된다(**그림 4.2**).

보어는 자신의 수소 스펙트럼 공식에 대한 파장을 발머의 공식과 비교한

---

10) 스펙트럼 분석을 통해 많은 새로운 원소가 발견되었고, 원소마다 갖는 고유 스펙트럼 색깔에 따라 이름이 지어졌다. 예를 들면 붉은색(red)의 루비듐(rubidium)과 파란색(blue)의 세슘(cesium) 등이 있다.

결과 실험결과와 완벽히 일치되는 것에 놀랄 수밖에 없었다. 러더퍼드 모델에 대해 단순한 양자적인 가정을 했을 뿐인데 수소 원자의 스펙트럼선을 예측할 수 있을 뿐 아니라 원자들이 어떻게 안정한 궤도에 존재할 수 있는가를 설명할 수 있었던 것이다. 양자화 상태에서 '기저상태(ground state)'란 가장 낮은 에너지 상태를 말하며 그 이하의 상태에서는 전자가 존재할 수 없게 된다. 또한 원자의 에너지 준위의 불연속성은 빛의 양자 단위의 값과 매우 잘 맞아떨어진다. 한 준위에서 다른 준위로 갈 때 전자는 광자를 방출하거나 흡수하고 그 광자의 에너지는 정확하게 두 준위 사이의 에너지 준위의 차이와 같다.

이런 모든 설명은 매우 만족스러웠다. 빛이 항상 파동과 같게 행동하지 않고 입자처럼 행동하는 현상은 물리학자들에게 이미 익숙해졌지만 이 반대의 현상도 증명되었다. 1925년에 조지 패짓 톰슨(George Paget Thomson)은 전자가 파동처럼 나타나는 실험을 발표하였다. 조지 패짓 톰슨은 30년

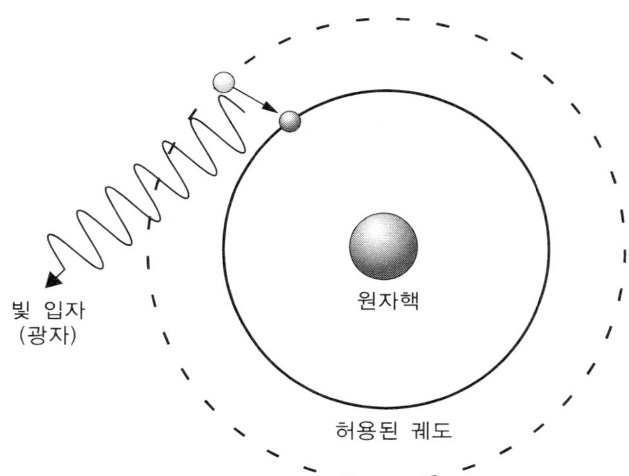

[그림 4.2] 보어의 원자모형. 원자핵 주위의 전자는 일정한 수로 허용된 궤도에서만 운동을 하게 된다. 전자가 한 궤도에서 다른 궤도로 도약하려면 광자를 흡수하거나 방출하게 된다.

전에 전자가 입자라는 증명을 했던 조셉 존 톰슨의 아들이다.[11] 실험 중 톰슨은 고체 격자의 표면에 전자들을 쏘아 여러 방향에서 반사된 전자의 수를 측정하였는데 놀랍게도 어떤 특정 각도에서도 전자가 전혀 검출되지 않는 것을 발견했다. 이것은 전자들이 파동과 같이 전파되어 고체 내의 다른 원자 면에 의해 반사되어 간섭무늬를 만든 것으로 설명될 수 있으며 빛의 파동에 의한 영의 이중슬릿 실험과 거의 유사한 결과이다.

전자가 파동적 성질을 갖듯이 다른 무거운 입자들도 파동성을 가질 수 있다고 가정한다고 해도 놀랄 만한 일이 아니다. 1924년 프랑스의 물리학자인 루이 드브로이(Louis de Broglie)는 박사학위 논문에서 과감한 가정을 하였다. 만일 몇 개의 실험에서 보듯이 빛이 입자와 같이 행동한다면 전자들이나 원자들까지도 이런 입자와 파동의 이중성을 가질 수 있지 않겠는가? 드브로이는 어떤 무거운 입자도 파동성을 가질 수 있다고 했으며 이러한 물질파(matter wave) 파동에 대한 공식을 유도하였다. 이 공식에 의하면 물질파 파장의 λ는 입자의 특성을 나타내는 운동량 p에 반비례한다. 여기서도 플랑크 상수가 중요한 역할을 하게 된다.

$$\lambda = \frac{h}{p}.$$

실제로 자동차나 탁자와 같은 일상생활의 모든 물체에 대해 나타나는 파장은 대단히 작다. 예를 들면 시속 100 mile로 날아가는 야구공에 대한 드브로이 파장은 2×10^{-34} m로 원자핵에 비해서도 너무나도 작은 값이다. 그러나 느리지만 매우 가벼운 입자에 대해서는 조지 패짓 톰슨의 실험과 같이 파동성이 나타나 간섭무늬가 형성되는 것이다. 이와 같은 드브로이의 박사논문이 혁명적인 아이디어를 가지고 있음을 알아본 사람은 아인슈타인이었다.

---

11) 아버지와 아들이 다 노벨물리학상을 받았으며, 아버지는 전자가 입자성을 갖는다는 것을, 아들은 전자가 파동성을 갖는다는 것을 증명하였다.

드브로이의 물질파 개념은 에르빈 슈뢰딩거(Erwin Schrödinger)에 의해 더욱 발전되었는데 슈뢰딩거는 50년 전 맥스웰이 전자기파를 수학적으로 정량화하였듯이 드브로이의 물질파가 전파되는 것을 수학적인 식으로 발전시켰다. 슈뢰딩거는 파동함수(wave function)의 개념을 도입하였는데 이 추상적 수학함수는 나중에 어떤 시간과 어떤 위치에 있는 입자를 발견할 확률로 밝혀졌다. 시간과 공간의 한 점에서 입자를 발견할 확률은 파동함수의 제곱을 취하게 되는데 이것은 전자기장의 제곱이 빛의 세기를 나타낸 것과 같은 유사성을 연상시킨다.

양자역학에서는 마치 역사가 거꾸로 흘러가는 것처럼 보인다. 처음 2천년 동안 과학자들은 빛의 본성에 몰두했고 그것을 파동이라고 단정지었다. 그러나 양자역학이 발견되자 빛은 갑자기 입자가 되었고 그리고 무거운 입자들이 갑자기 파동과 같은 모습을 드러내게 되었다. 여러 세대에 걸쳐 물리학자들은 이런 양면적인 개념에 익숙해졌지만 결국 많은 사람이 그런 양면성에 의심과 회의를 갖게 만들기도 했다. 그러나 양자역학을 알기 위한 수없이 많은 실험은 자연은 기묘하다는 결론에 도달하게 만들었다. 100여년 전에 절망의 마지막 행동으로서 시작한 양자 개념은 마치 완성의 밑그림을 그려본 적이 있었던 것처럼 가장 성공적인 물리학이론으로 성숙되어 가고 있었다.

05 장

놀라운 발견들

잠깐 만에 배우는 양자역학

양자효과의 놀라운 위력을 이용하려면 우선 양자의 거동에 대해서 알아야한다. 그렇다고 양자역학을 깊게 연구할 필요는 없을 것이다. 여기에서는 우리의 관심 분야인 양자암호나 양자계산을 이해할 정도로 양자현상의 몇 가지 중요 법칙만을 간단하게 살펴보기로 하자.

5.1 다시 영의 실험으로

광자는 빛의 기본단위 양자이고 더 이상 분할할 수 없다. 즉 광자는 전자기 복사라는 자연적 화폐 통화량에서 가장 작은 단위이다. 달러나 원과 같은 실제 화폐 통화량은 1센트나 1원을 분할하기도 하지만(예를 들어 주식시장에서 시세를 부르는 경우 가격의 소수점 단위까지 말한다) 물리학에서는 그런 기본 양자의 분할은 있을 수 없다. 광자는 더 이상 잘게 쪼개지지 않는다. 이 사실을 받아들였다면 빛의 특성에 대한 개념으로 다시 돌아가 보기로 하자. 우리를 경이롭게 만드는 양자의 세계로!

이중슬릿 실험을 통하여 영은 빛이 파동이라는 것을 증명하였다. 영의 실험에서 빛은 첫 번째 스크린에서 두 개로 나뉘고 각각의 파동은 두 번째 스크린에 도달하여 간섭무늬를 만들게 된다. 어떤 위치에서는 파동이 서로 보강되어 밝은 무늬를 만들고 어떤 곳(마루와 골이 만나는 곳)에서는 상쇄되어 어두운 무늬가 되기도 한다. 그런데 만일 빛이 입자처럼 행동한다면 이 실험은 어떻게 될까?

가장 직관적으로 설명해보기로 하자. 이를테면 빛이 수많은 작은 탄환으로 이루어진 흐름이라고 상상해보자. 첫 번째 스크린에서 탄환의 흐름은 두 개의 흐름으로 나뉘고, 각각의 흐름은 독립적으로 두 번째 스크린에 들어가게 된다. 이때 두 개 이상의 광자들은 동시적으로 같은 위치에 도달하여 부딪치게 된다. 스크린까지 경로에 따라 광자들은 보강되거나 상쇄되어 간섭 얼룩무늬를 만들 수 있지 않을까? 다소 그럴듯하고 우리의 직관과 일치하는 것 같지만 불행하게도 우리의 직관이 틀렸다.

이런 단순한 설명에 허점이 있다는 것을 간단하면서도 매우 효과적으로 증명해보일 수 있다. 위의 설명에서 오류가 있을 만한 곳은 두 번째 스크린에 적어도 두 개의 광자가 동시에 같은 위치에 도착한다는 부분인데 이 가능성을 없애버릴 필요가 있다. 이 가능성을 어떤 방법으로 없애버릴 수 있을까? 매우 약한 빛을 입사시키는 것이다. 실제 20 W의 전구 정도의 약한 전력에서 방출하는 빛도 실제로 초당 수천 억 개의 광자가 배출된다. 그러므로 빛을 대부분 흡수하는 검은 유리조각을 통과시킨 후 가능한 최소 면적에 빛을 보내면 1초 정도에 1개의 광자를 보낼 수 있을지도 모른다. (너무 터무니없이 약한 빛이라고 생각할 필요는 없다. 사실 인간은 거의 몇 개 안 되는 광자로 이루어진 빛도 인식할 수 있다.)

그렇게 하나의 광자가 이중슬릿의 장치를 통과한다고 상상해보자. 처음 스크린에서 광자는 두 개의 슬릿을 보게 되고 광자는 어떤 슬릿을 통과할지 선택을 할 것이다. 한번 선택을 한다면 두 번째 스크린으로 달려가 어느 점에 부딪칠 것이다. 그 점에서 인화지는 검게 될 것이다. 다음 광자도 상황은 같으나 그러나 두 번째 스크린에는 조금 다른 위치에 부딪칠 수도 있다. 다음 광자들도 같은 상황이 이어질 것이다. 광자가 두 번째 스크린에

맺힌 상은 앞에 간 광자가 어느 위치에 도달되었든 전혀 상관없이 독립적이며 광자가 가고자 한 위치에 도달될 것이다. 얼마의 시간이 지나면 인화지는 거의 점들로 일정하게 꽉 차게 될 것이다. 결국 한 개의 광자들만 통과시킨 이중슬릿 실험은 전혀 간섭무늬를 만들지 못한다. 이 논리에는 오류가 없을까?

5.2 광자는 어떤 경로를 택하는가?

이 논리도 역시 틀렸다. 실제로 실험이 수행되면 시간이 어느 정도 충분히 지난 후에는 분명히 간섭무늬가 나타나기 때문이다. 처음 서너 개의 광자들이 스크린에 부딪치는 동안은 알 수 없지만 오랜 시간을 기다리면 간섭무늬가 형성된다. 이중슬릿 실험에서 하나의 광자가 간섭무늬를 만든다면 대체 무엇이 서로 간섭하는 것일까? 장치 속에 분명히 한 개의 광자만 있었으므로 가능한 대답은 그 광자 스스로 홀로 간섭을 일으켰다고 밖에 볼 수 없다.

쉽게 납득할 만한 설명은 아니지만 지금까지 수없이 많은 실험을 통해서 항상 간섭은 일어났다(광자뿐만이 아니라 물질 입자도 마찬가지이다). 이중슬릿 장치에서 하나의 광자에게 무슨 일이 일어났는가를 직접 확인하려고 하는 것은 양자역학에서는 무의미한 일이다. 다른 말로 "어떤 광자가 슬릿을 통과할 때 어느 경로를 택했는가?"라는 질문은 양자역학에서는 허용되지 않는다고 할 수 있다. 이 질문은 실제로 어떤 경로인지 알려고 할 때만 허용된다. 의도적으로 광자가 지나갈 때 표시를 해주는 검출기를 두 슬릿에 각각 설치했다고 하자. 이런 경우라면 정말 "어떤 경로를 택했는가?"라는 질문이 적절하다. 바로 그 질문에 대한 대답을 얻기 위해 검출기를 설치했기 때문이다. 그러나 검출기 때문에 실험에서는 간섭무늬가 사라지게 된다.

어떤 경로인지 전혀 알 수 없는 경우에는 약간 다른 실험방법을 생각해보아야 한다. 검출기의 방해를 받지 않는 한 광자는 실제로 파동처럼 행동하며 양쪽의 슬릿을 동시에 통과할지도 모른다. 광자는 스스로 간섭한다고 할 수 있다. 광자는 두 번째 스크린에 도달하기 전에 1번 슬릿을 통과할 가능성과 2번 슬릿을 통과할 가능성의 중첩상태에 있다. 중첩의 원리는 앞으로 양자역학에서 매우 중요한 개념이므로 몇 가지 다른 예를 들어보기로 하자.

편광분리기는 편광빛을 임의방향으로 서로 직교하는 두 성분으로 분리할 수 있다. 편광된 빛이 편광축에 대해 45° 라면 빛의 50 %는 편광분리기를 투과하고 나머지 50 %는 90° 로 편향된다. 편광분리기는 실제로 편광벡터를 분리기의 축 방향으로 투영시킨다. 이제 빛은 파동일 뿐만 아니라 입자의 흐름이라고 할 수 있다. 그렇다면 빛에 대한 실험에서 분리기는 어떤 작용을 하는지 살펴보자.

분리기의 최종 결과는(50 %만 통과하고 나머지는 편향되는 결과를 말한다) 절대 변할 수 없는 사실이다. 분리기의 축에 45° 편광된 많은 광자로 이루어진 빛이 입사된다고 상상해보자. 기적이 일어난 것처럼 분리기를 통과한 빛의 반이 수평 편광의 광자들로, 나머지 반은 수직 편광의 광자들로 분리된다고 하자. 정말 그런 일이 일어날 수 있을까? 수천 억 개로 이루어진 강한 빛 대신 하나의 광자로 실험을 해도 같은 결과가 나올 수 있을까? "그렇다"고 대답할 수 있다. 광자 한 개에 무슨 일이 일어나는지 한번 상상해보자(**그림 5.1**). 한 개의 광자가 분리기장치의 축에 대해 45° 의 편광으로 입사된다면 대체 출구로 나갈 때는 어떻게 될까? 수직 편광일까? 아니면

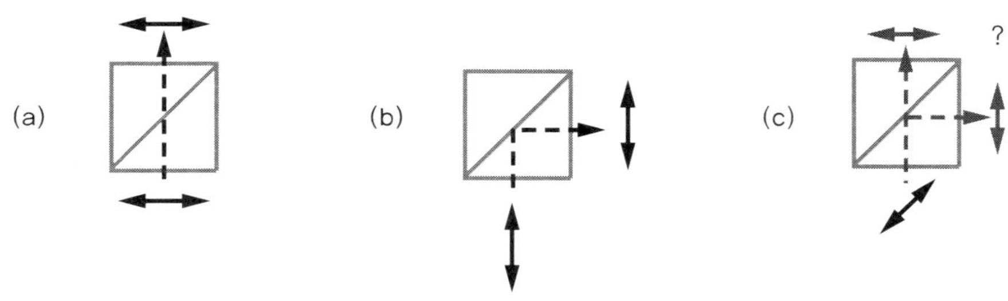

[그림 5.1] 편광분리기를 통과하는 광자. 수직 편광 또는 수평 편광의 광자(a 와 b)는 통과되든지 또는 90°로 편향된다. 대각선으로 편광된 광자 (c)는 어느 한 경로로 갈 확률이 50 : 50이다.

수평 편광일까? 항상 전체적인 계산은 빛을 파동으로 생각할 때 얻어지는 결과와 같아야 함을 염두에 두어야 한다. 그렇지 않으면 무언가 모순에 빠질 수도 있다.

이 실험에서 광자는 두 개의 상태로 중첩되어 있다. 두 상태를 각각 "광자가 수직 편광이다" 또는 "광자가 수평 편광이다"로 표시해보자. 간편하게 기호 [폴 디랙(Paul Dirac)에 의해 사용된 기호로 디랙 기호라 한다]를 사용하면 "광자가 두 상태들의 중첩상태에 있다", "광자가 수직 편광이다", "광자가 수평 편광이다"의 문장들을 간략한 형태로 나타낼 수 있다(**그림 5.2**).

이런 방식으로 표시하려면 기호 "|" 와 ">" 사이에 대상 명칭(또는 많은 공간을 절약할 수 있는 적당한 약자)을 쓰면 된다. 예를 들어 수평 편광의 상태를 기호로 표시하면

$$|H>$$

이고, 이와 유사하게 수직 편광은

$$|V>$$

(a)

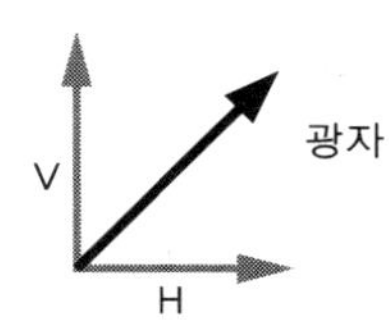

(b) $|\text{광자}\rangle = |V\rangle + |H\rangle$

(c) 광자는 수평 편광과 수직 편광의 중첩상태에 있다

[그림 5.2] "광자가 수평 편광과 수직 편광의 중첩상태에 있다."라는 명제를 기술하는 세 가지 방법으로는 (a) 그림을 사용하거나 (b) 수학식으로 나타내거나, 또는 (c) 문장을 사용할 수 있다.

로서 쓸 수 있다. 광자가 수평과 수직 편광의 중첩으로 있다는 것은

$$|\text{광자}> = |V> + |H>$$

으로 쓸 수 있다. 이것은 5.1절에서 나온 편광벡터를 떠올리게 한다. 이러한 양자상태는 '힐베르트 공간(Hilbert space)'이라 부르는 추상공간의 벡터들로 나타낼 수 있는데 여기서 힐베르트 공간은 양자 입자의 특성의 개수의 차원을 갖는 다차원 추상공간을 말한다. 이 분야는 더 이상 자세하게 다루지 않으니 골치 아파할 필요는 없다. 단지 여기에서는 이러한 간편한 기호를 사용하여 분리기에 대해서 더 자세히 다루어보기로 한다.

지금까지 밝혀진 바와 같이(여러분은 읽을수록 더 명확히 알게 될 것이다) 양자역학은 확실성보다는 불확실성과 확률을 많이 다루게 된다. 단일광자의 이중슬릿 실험에서도 광자의 경로에 대해 전혀 알 수 없고 광자들이 두 번째 스크린에 부딪치는 확률로 설명할 뿐이다. 확률이 높은 곳에서는 많은 광자가 발견되고 확률이 낮은 곳에서는 거의 광자가 발견되지 않는다. 이와 같이 단일 광자가 편광분리기를 통과할 때도 한쪽의 검출기나 다른 쪽의 검출기가 동시에 "클릭" 하는 소리가 날 수 있지만, 그것이 어느 쪽을 통과하는지 정확히 알 수 없다. 확실히 알 수 있는 것은 광자가 수평과 수직 편광의 중간상태에 있다는 것이고(즉, ±45°) 어느 한쪽의 검출기에서 광자를 검출할 수 있는 확률이 정확히 50%라는 것이다.

이것은 놀랄 만한 일은 아니다. 우선 광자의 상태가 수평과 수직 편광이 같은 비율로 이루어져 있다는 점에서 그렇다. 45° 편광벡터가 수직과 수평 편광의 합 벡터이므로 45° 편광의 상태 벡터(앞으로 '상태'라 한다)는 상태 $|V>$와 상태 $|H>$의 합으로 표시되며 양쪽 부분의 비율이 같다. 일반적으로 비율은 다를 수 있으므로 광자의 상태함수는 다음과 같이 놓을 수 있다.

$$|\text{광자}> = a * |V> + b * |H>.$$

여기서 a, b는 임의의 상수들이다. (실제로 정확히 임의의 값은 아니다.

곧 임의의 값이 아님을 알게 될 것이다.) 광자의 편광벡터는 a, b의 값에 따라 달라진다. 예를 들어 b가 0이면 완전한 수직 편광이며 a가 0이면 완전한 수평 편광이다. 그리고 두 값 사이에는 무수한 상태가 가능하다. 만일 a가 b보다 매우 크면 편광상태는 거의 수직이라고 할 수 있으며, 그 상태의 광자가 검출기를 통과해서 달려간다면 수평 편광 쪽보다는 수직 편광의 검출기를 통과할 가능성이 매우 높은 것이다. 또 a가 b보다 매우 작은 경우라면 광자는 수평 편광 쪽의 검출기를 클릭하게 될 가능성이 높다.

계수 a와 b로부터 두 사건이 일어날 가능성을 예측할 수 있음을 알았다. 그리고 어떤 위치에서 입자를 발견할 확률을 구하려면 4장의 후반부에 설명한 바와 같이 그 위치에서의 파동함수의 제곱을 구한다. 일반적으로 양자상태들의 중첩에서 어떤 결과가 도출될 확률은 그 상태의 계수의 제곱에 비례한다. 따라서 수직으로 편광된 광자를 발견할 확률은 a^2, 수평 편광의 광자를 발견할 확률은 b^2이 된다.

5.3 멀리 떨어진 관계

여러 번 반복하였지만 중첩은 양자역학의 근본원리라는 것을 다시 한 번 강조하고 싶다. 만일 광자가 수평 편광상태 $|H>$나 수직 편광상태 $|V>$의 상태에 있을 수 있다면 중첩의 원리는

$$a * |H> + b * |V>$$

이다. 예를 들어 방향 H를 따라 이 계를 측정하면 a^2의 확률을 얻게 되며, 반면에 수직 편광의 광자를 발견할 확률은 b^2가 된다. 한편 수평이나 수직 편광의 광자를 발견할 전체 확률은 1이므로, $a^2 + b^2$은 1이 되어야 한다. 따라서 수평과 수직 편광이 같은 확률로 일어난다고 한다면 $a = b = 1/\sqrt{2}$가 되므로 이 상태는

$$\frac{1}{\sqrt{2}}(|H>+|V>)$$

로 쓸 수 있으며, 이 식은 대각선 편광 성분과 아주 비슷하다는 것을 알 수 있다. 대각선 편광을 이루는 두 성분의 세기를 더하면 반드시 1과 같아야 한다. 이를 규격화 조건(normalization)이라고 한다 — 모든 위치에서의 확률, 또는 각 진폭의 제곱이나 계수의 제곱을 모두 더하면 1이 되어야 한다.

논리를 확장해서 한 개의 광자가 아닌 두 개의 광자에 대해서 생각해보자. 예를 들어 광자 1이 수평 편광되어 있고 광자 2가 수직 편광되어 있는 경우의 상태는 "광자 1은 수평 편광이고 광자 2는 수직 편광이다"라고 하며 기호로 쓰면 다음과 같다.

$$|H>_1|V>_2.$$

이처럼 양자상태를 연속으로 작용시키는 것은(텐서 곱이라 부른다) '그리고'와 같은 의미이다. 광자 1이 수직 편광이고 광자 2가 수평 편광인 다른 상태를 기호로 표시하면 다음과 같이 될 것이다.

$$|V>_1|H>_2.$$

두 광자가 복합되어 있는 상태도 뒤에 다른 상태를 붙여 표시할 수 있다. 예를 들어 광자 1이 수평과 수직 편광의 중첩상태이고 광자 2가 수평 편광 상태로 되어 있다면 복합 양자상태는

$$(a*|H>_1+b*|V>_1)*|H>_2$$

로 표시된다. 광자 1의 편광상태를 측정한다면 어떤 결과가 일어나겠는가? 한 개의 광자만 있다면 당연히 수평 편광될 확률 a^2과 수직 편광될 확률 b^2으로 나타낼 수 있다. 광자 2는 측정하지 않았으므로 어떤 영향도 받지 않게 된다. 따라서 만일 광자 1에 대한 측정 결과가 수평 편광이라면 측정 후의 양자상태는

$$|H>_1|H>_2$$

이고, 두 광자들은 수평 편광으로 존재한다. 복합 상태 광자들 중에 한 개를 측정하는 것은 다른 광자에 영향을 주지 않는다고 생각할 수도 있다. 그러나 이에 대해서는 뒤에 더 살펴보기로 하자.

양자역학의 기본적 중첩의 원리에 의해 두 광자 상태를 중첩시키고 두 상태 $|H>_1|V>_2$와 $|V>_1|H>_2$를 단순히 더하면

$$\frac{1}{\sqrt{2}}*(|H>_1|V>_2+|V>_1|H>_2)$$

이 된다(괄호 앞의 계수는 상태가 규격화가 되었음을 확인해준다). 얼핏 보면 이 상태는 새로운 상태가 아니고 광자 1이 수평과 수직 편광으로 중첩되고 광자 2가 수평 편광인 양자상태라고 착각할 수도 있다.

이제 두 번째 광자의 편광상태를 측정하는 경우를 살펴보자. 중첩상태에 포함되는 "광자 2가 수직 편광이다", "광자 2가 수평 편광이다"의 두 상태 모두 광자 2의 결과가 될 수 있다. 그러나 광자 2의 두 가지 상태들은 연결된 광자 1과 특별한 상태에 놓이게 된다. 즉, $|V>_2$는 $|H>_1$와 더불어 $|H>_2$는 $|V>_1$과 함께 한 조가 된다. 그러므로 광자 2에 대한 측정이 수직 편광이 되면 최종의 상태는

$$|H>_1|V>_2$$

가 되며 반면에 광자 2가 수평 편광된 것으로 측정된다면 그 상태는

$$|V>_1|H>_2$$

이 된다.

지금까지는 큰 어려움 없이 이해되었을 것이라 생각한다. 이제는 두 번 측정할 경우를 생각해보자. 첫 번째 측정에서 광자 2에 대한 측정 결과가 수직 편광인 경우 광자 1은 분명히 수평 편광일 것이다. 왜냐하면 광자 1과

2의 복합 상태에서 $|H>_1$ 상태만 존재하기 때문이다. 한편, 두 번째 측정에서 광자 2에 대한 측정 결과가 수평 편광이면 광자 1의 측정 결과도 항상 "광자 1 은 수직 편광이다"가 된다.

분명히 광자 1에 대한 측정의 결과는 이전의 광자 2에 대한 측정 결과에 달려 있다. 그 이유는 원래 상태

$$\frac{1}{\sqrt{2}} * (|H>_1|V>_2 + |V>_1|H>_2)$$

이 광자 1만을 포함한 상태의 곱이거나 광자 2만을 포함하는 상태의 곱으로만 나타나지 않기 때문이다. 이와 같은 상태를 '얽힘(entangled)' 현상이라고 한다. 얽힘은 양자역학에서 당연히 가능한 상태들이고 특별한 것으로 보이지 않을지도 모른다. 그러나 잠시 얽힘 문제에 대해 생각해본다면 불가사의한 양자역학의 원리가 숨어 있음을 알게 될 것이다. 얽힘상태에 있는 광자 1과 광자 2는 위치에 대해서는 전혀 언급되지 않는다. 실제로 그 광자들은 몇 마일 떨어져 있을 수도 있다. 그러나 어떤 거리에서 있든 얽힘은 반드시 존재해야만 하는 것이다. 만일 광자 2를 처음 측정했을 때 수직 편광이었다면, 얽힘상태에 있는 광자 1은 확실히 수평 편광이 된다. 두 광자들이 매우 먼 거리로 떨어져 있을지라도 광자 2를 측정하면 광자 1에 영향을 미치는 것이 확실한 것으로 알려졌다. 얽힘이란 정말 가능한 일인가?

얽힘을 처음에 지적한 물리학자는 바로 아인슈타인이었다. 1935년에 아인슈타인은 그의 공동연구자 보리스 포돌스키(Boris Podolsky), 나단 로젠(Nathan Rosen)과 더불어 논문을 발표했는데 이 논문에서 다룬 사고 실험(thought experiment)은 지금 여기에 다룬 것과 유사한 내용이다. 얽힘상태에 있으며 멀리 떨어져 있는 두 개의 입자의 상태를 측정한다. 첫 번째 입자를 측정함과 동시에 두 번째 입자는 어떤 양자상태에 있는지 결정된다. 아인슈타인은 이 결과로부터 양자역학이 두 가지 가능성 중에 하나를 선택해야 한다고 지적하였다. 첫 번째 가능성은 물체가 아주 멀리 떨어져 있는

경우에도 물체의 고유 특성이 서로 얽혀 있어서 자연이 근본적으로 비국소성을 갖는 것으로 해석하는 것이다. 두 번째 가능성은 양자역학의 이론에 어딘가 오류가 있다고 보는 입장이다. 두 번째 가능성은 양자역학의 이론이 아직 불완전하다는 것을 의미한다.

아인슈타인에게 첫 번째 가능성은 선택될 수 없었다. 그래서 그는 양자역학이 불완전하다고 생각했고 양자역학의 얽힘과 같은 이론을 "원거리 유령 행동(spooky at a distance)"이라고 하였다. 그러나 아인슈타인의 이러한 해석은 오히려 얽힘을 이해할 수 있는 동기로 작용하게 되었다. 아인슈타인은 그의 유명한 상대성 이론에서 어떤 물체든 어떤 정보든 빛보다 더 빨리 갈 수 없다는 것을 분명히 하였다. 중력도 아주 먼 거리에서 작용되는 원격적인 힘이 아니라 곡률이 있는 공간의 근본적 특성으로 설명하였다(이것도 여기서는 더 이상 자세히 다루지 않겠다). 아인슈타인은 완전해 보이지 않는 양자역학의 개념들을 받아들일 수가 없었다. 지금까지도 아인슈타인, 포돌스키, 로젠의 역설(EPR 패러독스)은 철학적인 논쟁으로 계속되고 있다. "자연은 정말로 비국소적인가?" 중첩의 원리와 양자역학의 본질적인 원리인 '마구잡이(randomness)' 특성은 기묘한 이론임에 틀림이 없지만, 얽힘 현상이야말로 절정에 다다르는 기묘함이 아닐 수 없다. 양자역학이 실제로 비국소성인지 아닌지는 다행히 실험적으로 증명되었다.

그러한 증명실험은 1960년대에 아일랜드의 물리학자인 존 벨(John Bell)이 만든 공식을 기초로 하여 시도되었다. 벨은 얽힘을 통해 자연이 실제로 국소적이지 않다는 것을 증명하려면 어떤 사건 사이의 상호관계를 측정하면 가능하다고 생각하였다. 예를 들어 B 점에서 광자의 수평 편광이 관측될 때 A 점에서는 얼마나 자주 광자 1이 수직 편광이 되는지 측정해보는 것이다. 물론 역과정도 가능하다. "광자 1이 수직 편광이다"와 "광자 2가 수평 편광이다"라는 두 사건에서, 만일 한 사건을 통해 다른 사건을 예측할 수 있다면 이 두 사건은 서로 상호관계를 갖는다고 할 수 있다. 즉 광자 1이 수직 편광인 것으로 측정되면 광자 2는 수평 편광이 훨씬 자주 일어나는 것과 같다. 따라서 고전적, 국소적인 세계에서 물질 간의 상호 얽힘이 얼마나 강한가를 결정하는 극한값이 존재한다. 벨은 이 극한값을 계산하였고 만일 입자들의 얽힘 실험에서 극한값보다 크게 나타나면 자연이 비국소적이라는 것을 의미한다고 결론지었다.

1981년 아리안 아스펙트(Alain Aspect)와 그의 동료들은 벨의 실험을 수행했고 벨의 극한값보다 크다는 것을 발견하였다. 그 후로 광자와 원자를 통한 많은 실험에서 벨의 공식은 검증되었다. 결국 얽힘 현상은 받아들여야만 할 개념이 되었으며 얽혀 있는 양자입자들은 아주 먼 거리에서조차 서로에게 영향을 줄 수 있다고 결론짓게 되었다.

두 입자의 얽힘상태는 벨 상태(Bell state)라고 알려져 있다. 위에서 언급된 벨 상태 외에도 3개의 다른 얽힘상태가 존재하는데 전체 4개의 벨 상태들은 다음과 같다.

$$\frac{1}{\sqrt{2}} * (|H>_1|H>_2 + |V>_1|V>_2)$$

$$\frac{1}{\sqrt{2}} * (|H>_1|V>_2 + |V>_1|H>_2)$$

$$\frac{1}{\sqrt{2}} * (|H>_1|H>_2 - |V>_1|V>_2)$$

$$\frac{1}{\sqrt{2}} * (|H>_1|V>_2 - |V>_1|H>_2)$$

위의 식에서 보는 바와 같이 벨 상태들은 비슷한 형태를 갖는다. 첫 번째 상태식에서는 광자 1과 광자 2는 항상 같은 편광이고 두 번째 상태식에서는 편광상태가 서로 다르다. 마지막 2개의 상태식들은 두 번째 항 앞의 －부호를 제외하고는 처음 두 개와 동일하다. 이 마이너스 부호는 반대 위상을 나타내며 중요한 의미를 갖는다.

지금까지 빛의 양자적 특성(중첩과 얽힘과 같은 문제)에 대해 알아보았고 편광분리기와 검출기를 이용하여 광자와 그들의 편광상태를 측정할 수 있음을 알게 되었다. 이를 토대로 앞으로 어떻게 응용할 수 있을지 살펴보기로 하자. 여러분은 이러한 양자 개념들이 우리의 시야를 더 넓게 만든다는 것을 알게 된다면 놀랄 것이다.

06장

앨리스가 밥을 만나다

양자암호의 원리

2004년 4월 21일에 오스트리아의 물리학자 안톤 질링거(Anton Zeilinger)는 비엔나에 있는 은행으로부터 보안 통신 채널[12)]을 통해 그의 연구에 대한 연구비를 받았다. 얼핏 보기에 이 사건에 특이해 보이는 점은 별로 없다. 연구비 3000유로는 통상 백만 달러의 연구자금을 받는 질링거에게는 큰 액수가 아니었고 돈을 송금한 거리도 비교적 짧은 거리로 문제될 일은 아니었다(은행 본점에서 질링거의 연구소까지는 대략 1 mile이었다). 그런데 이것이 주목 받는 이유는 바로 돈이 전달된 방법이 보안 통신 채널을 통해 전달되었기 때문이다. 여기서 보안채널이란 양자암호 채널을 가리키는데 양자암호(quantum cryptography)[13)]야말로 첨단 장비를 갖춘 스파이 집단도 정보를 가로채거나 위조할 수 없는 기술이다. 이러한 상거래에서 안전한 양자암호 기술은 은행, 회사, 정부기관 등에서 매우 관심을 보이는 분야이다. 그동안 일상의 암호화 기술이 발전하여 인터넷뱅킹에서 사용되는 최신의 암호도 깨기가 거의 불가능한 것으로 알려져 있지만, 양자암호야말로 염탐되거나 도청되는 것이 완전히 불가능하다고 할 수 있다. 바로 자연의 법칙

12) E. Schillinger(2004).
13) N. Gisin 외(2002)는 더 전문적인 수준으로 양자암호에 대한 포괄적인 입문서를 출간했다.

은 근본적으로 도청을 허용하지 않는다고 할 수 있다. 그 이유를 알아보기 위해 지금으로부터 이삼백 년 정도 과거로 거슬러 올라가 역사부터 살펴보기로 하자.

6.1 비밀 편지의 역사

인류는 메시지를 서로 교환하기 시작한 이래 정확한 수신자에게 메시지가 전달되도록 하기 위해 많은 양의 시간, 돈 그리고 노력을 투자하여 왔다. 대부분 메시지들은 남을 비방하거나 공격하는 내용을 포함하는 경우가 흔하다. 예를 들면 이웃을 의심하여 비난이나 공격을 계획한 메시지들이다. 메시지 전달을 위한 암호기법(cryptographic, 비밀의 글이라는 그리스 어원으로부터 유래되었다)은 A.D. 100년경 역사학자 플루타크(Plutarch)[14]에 의한 역사서에서 초창기의 여러 실례들이 기록되어 있다. 플루타크의 기록에는 당시보다 수세기 전부터 암호 편지들이 이미 사용되어 왔다고 전해진다.

> "감독관이 장군이나 장관을 파견할 때 두께나 길이가 정확히 같게 서로 완벽히 대응되는 둥근 나무 조각 기둥을 두 개 만들어서 하나는 보관하고 다른 것은 상대방에게 준다. 이러한 나무 조각들을 '스키테일(scytale)'이라고 부른다(그림 6.1).

[그림 6.1] 스키테일(scytale). 이 메시지는 원기둥 주위의 가늘고 긴 리본에 씌어져 있으며 지름과 모양이 똑같은 원기둥 위에서만 읽을 수 있다.

14) B. Perrin(1914).

나중에 비밀이나 중요한 메시지를 보내고자 할 때 그들은 길고 좁은 가죽끈 같이 생긴 양피지 두루마리를 빈틈없이 스키테일 표면 전체에 둥글게 말아 감싼다. 이렇게 한 다음 그들은 스키테일을 감싼 양피지에 쓰고자 하는 내용의 글을 쓰는데 메시지를 다 쓴 후에는 나무 조각에서 양피지를 벗겨내어 양피지만 상대방에게 보낸다. 양피지를 받아 든 사람은 편지의 글이 연결이 안 되어 뒤죽박죽의 상태이기 때문에 편지의 의미를 알아낼 수가 없다. 따라서 받는 사람은 자신이 소유한 스키테일에 양피지를 연달아 이어지도록 감아서 나선의 형태가 완벽히 복원된 후에 비로소 막대 주변을 따라 읽는다. 그러면 글이 이어져 뜻이 통하는 메시지를 발견하게 된다."

스키테일 메시지는 '대칭 암호(symmetric code)'의 대표적인 형태이다. 암호 메시지를 보내는 사람과 받는 사람의 양쪽 모두가 같은 키(key)를 가져야만 하며 이 키를 이용하여 메시지를 암호화하거나 해독하는 것이다. 그러나 스키테일과 같은 암호기법의 취약점은 다른 사람들에게 그 기술이 쉽게 노출될 수 있다는 것이다. 만일 누군가가 메시지를 가로채려 하고 암호화된 기법을 알고 있다면 바로 가능한 키들을 찾고 그 키가 잘 맞는지를 확인하면 된다. 키가 스키테일인 경우는 여러 다른 반경의 막대기를 가지고 맞는지 아닌지 계속 시도해보면 될 것이다.

대칭 암호와 다른 암호기법으로 비대칭 암호(asymmetric code)가 있다. 비대칭이란 이름에서 암시되듯이 보내는 사람과 받는 사람이 같은 키를 갖고 있지 않는 경우를 말하는데 심지어는 키의 일부가 대중에 공개되어 있는 경우도 있다. 현대의 많은 암호화 기법은 비대칭 암호들에 해당하는 경우가 많으며 이 책의 나머지 부분도 주로 비대칭 암호에 대해서 다룰 것이다. 그 전에 먼저 대칭 키들에 대한 암호화와 해독에 대해서 알아보기로 하자.

잘 알려진 대칭 암호로는 율리우스 카이사르(Julius Caesar)의 이름을 딴 카이사르 암호이다. 카이사르암호는 실제로 카이사르가 그의 휘하에 있는 장군들과 비밀통신을 하기 위해 사용했던 암호이다. 원리는 매우 간단하다. 카이사르가 그의 장군에게 적을 공격하라고 명령을 내리고 싶다면 보낼 메시지의 평문(plaintext)은

ATTACK(공격하라)

가 되는데 각 글자를 알파벳 순서로 4 숫자씩 내려간 글자로 대치하면("Z" 후에는 알파벳 처음으로 되돌아간다) 암호문으로 바뀐다. 즉 "A"는 "E"가 되고 "T"는 "X"가 되는 식이다. 그러므로 암호화된 메시지는

EXXEGO

가 되며 이 메시지를 받는 장군은 각 문자를 알파벳의 네 번째 이웃하는 문자로 대치하라는 것만 알면 역으로 해독할 수 있게 된다. 그러나 이런 대칭 암호는 원리만 알게 되면 깨는 것이 어렵지 않다. 이제는 더 안전하게 암호와 메시지를 암호화하는 일반적인 방법에 대해서 살펴보기로 하자.

6.2 0과 1

한 예로서 간단한 메시지인 "OK"를 암호화한다고 해보자. 이것은 "전진하여 공격하라"는 것을 의미한다거나 "나는 당신이 보낸 연락메시지를 받았습니다" 등의 메시지를 포함할 수 있다. 만일 두 문자 "O"와 "K"를 표준 아스키코드(ASCII Code)를 사용하여 변환하면 그 메시지는

79, 75

로 바뀐다. 대부분 컴퓨터장치나 다른 '디지털(digital)' 장치들은 오로지 "0"과 "1"의 값만을 인식하는데 이것은 "전류가 흐르지 않음"과 "전류가 흐름"에 해당하며 다른 예로는 "빛의 꺼짐"과 "빛의 켜짐"을 들 수 있다. 따라서 디지털 장치가 이 메시지를 인식하도록 하려면 십진법의 두 숫자를 이진법으로 전환해야 한다. 즉 변환된 수는

01001111, 01001011

이다. 여기서 각각 두 부분의 처음 숫자인 "0"은 쓸모없는 것이 아니고 8비트 부호를 만들기 위해서는 남겨두어야 한다. 그와 같은 8비트 표현은 두 숫자들을 분리하는 쉼표를 없애면 된다. 따라서

0100111101001011

로 쓸 수 있다. 그 다음은 키에 대해서 알아보자. 암호화하는 목적은 누군가 메시지를 가로채더라도 이해할 수 없도록 메시지를 변형시키는 것이다(상응하는 문자들로 단순히 전환시킨다면 이진법 암호는 얼토당토않은 문장으로만 보일 것이다). 예를 들어 모든 두 번째 숫자 값을 변환한다고 해보자. 즉 "0"을 "1"로 대치하거나 이와 반대로도 할 수 있다. 또는 처음에는 두 번째 숫자를 변환시키고 다음에 세 번째 숫자를 다른 복잡한 항으로 변환시킬 수 있다. 어떤 경우든지 주어진 숫자 값은 그대로 남든지 변하게 되는데 이 경우는 메시지에 0과 1만을 포함하므로 메시지에서 암호 값이 1이면 숫자 값을 바꾸고 암호 값이 0이면 숫자 값을 바꾸지 않는다는 규칙으로 정하는 식으로 할 수 있다. 이것이 바로 이진법을 사용하여 메시지를 암호화하거나 해독하는 일반적인 방법이라 할 수 있다.

이진법을 사용한 암호화의 일반적인 방법으로 "덧셈 모듈러 2"가 있다. "모듈러 2"는 수를 더한 다음에 그 결과를 2로 나누어 나머지를 쓰는 규칙이다. 그러므로 1+1=2가 될 때 모듈화 연산의 결과에서는 2로 나눈 나머지 값인 0이 되는 것이다. 예를 들어 1⊕1의 결과는 0이다. 이 덧셈 모듈러 2의 연산 기호는 ⊕를 사용하기로 하자. 수가 0과 1뿐이므로 다루어야 할 연산은 4개만 존재한다.

$$0 \oplus 0 = 0$$
$$0 \oplus 1 = 1$$
$$1 \oplus 0 = 1$$
$$1 \oplus 1 = 0$$

다른 방법에 의해서도 이와 같은 결과를 얻을 수 있는데 논리연산 XOR를 이 숫자들에 적용하는 것이다. 이 연산은 두 개의 자릿수 중에 하나가 1이라면 1이 되고 이외의 경우는 "0"이 되는 연산이다. 결국 이 연산이 덧셈 모듈러 2와 같은 결과를 준다는 것을 알 수 있다.

이제 우리는 이진법을 사용하여 우리가 선택한 키를 통해서 어떤 메시지도 암호화할 수 있는데, 예를 들면 두 번째 자릿수를 전환시키는 키는 다음과 같다.

0101010101010101010101...

그러면 "OK"란 메시지를 암호화하려면 이진법 표시의 "0100111101001011"에 덧셈 모듈러 2(또는 XOR 연산)를 왼쪽 자릿수부터 연산한다. 즉

$$0 \oplus 0 = 0$$
$$1 \oplus 1 = 0$$
$$0 \oplus 0 = 0$$
$$0 \oplus 1 = 1$$

이다. 보통의 덧셈을 할 때처럼 두 수들을 아래위로 쓰면

0100111101001011 (메시지)
0101010101010101 (키)

0001101000011110 (암호화된 메시지)

가 된다. 우리의 메시지가 16자리 또는 16비트의 길이이므로 이론적으로 무한히 긴 키들을 단순하게 16비트로 자를 필요가 있다. 암호 메시지를 풀려면 키와 암호 메시지끼리 모듈화 연산을 해주면 된다. 이것은 수학적으로도 증명이 가능하다. 만일 메시지의 비트가 "m", 키의 비트가 "k", 암호 메시지가 "e"이면 암호화 과정에서는

$$m \oplus k = e$$

이고 해독(디코딩 – decoding)하는 과정에서는 암호화된 메시지에 키를 모듈화 연산시켜 주면 된다. 즉,

$$e \oplus k = d$$

이다. 여기서 “d”는 해독된 메시지의 비트이다. 이제 위에서 암호화된 메시지 e에 대한 수학적인 표현을 해독하는 식에 대입하면

$$(m \oplus k) \oplus k = m \oplus (k \oplus k) = m \oplus 0 = m$$

이 된다. 여기서 마지막에서 두 번째 단계의 계산은 어떤 이진수를 그 자신의 수에 모듈러 2의 덧셈을 하면 0이 된다는 사실을 이용하였다.

물론 방금 사용한 이런 키들은 사실상 안전하지는 않다. 단순히 “0”과 “1”들이 규칙적으로 나열된 키는 경험이 있는 스파이라면 그 패턴을 바로 알아낼 수 있다. 예를 들어 누군가 잠긴 자물쇠를 열기 위해 “0000”이나 “1234”와 같은 여러 조합을 시도해보는 것과 같다. 따라서 스파이들이 암호를 해독하기 어렵게 하려면 일반적이 아닌 규칙성이 없는 키를 사용할 필요가 있다. 예를 들어 고등 암호 표준(Advanced Encryption Standard, AES) — 1970년 제정된 데이터 암호 표준(Data Encryption Standard, DES)이 발전된 것을 말한다 — 은 매우 중대한 정보를 보낼 때 널리 사용된다. 이것은 메시지 평문에 모듈화 연산을 해서 얻은 128, 192 또는 256비트 키를 사용한다.

암호를 깨기가 더욱 어렵게 만들려면 메시지에 단순히 덧셈을 하는 정도로 그치지 말고 더하기 전에 메시지를 여러 부분으로 나누어 이리저리 뒤섞어야 한다(이와 유사한 연산이 암호의 해독 과정에서도 적용된다). 고등 암호 표준(AES)은 안전한 것으로 알려져 있으나 짧은 시간에 수많은 키들을 처리하는 매우 강력한 컴퓨터 앞에서는 맥을 못추게 된다(7장에서는 그런 능력을 가진 강력한 컴퓨터에 대해서 알아보자). 그러니 이렇게 묻지 않을 수 없다. “과연 보안이 완벽한 암호화된 정보는 가능한 것일까?”

6.3 1회용 암호표(one-time pad : 1회만 사용되는 암호용 마구잡이 수열)

이 질문은 간단히 그렇다고 할 수 있다. 완벽한 암호화를 위해서는 "0"과 "1"만의 마구잡이로 발생된 키(completely random number)를 단 한 번만 사용되도록 암호를 만드는 것이다. 이것은 AT&T 사의 길버트 버냄(Gilbert Vernam)이 1926년에 처음 제안한 것으로 '1회용 암호표'라 부른다(이렇게 불리는 명확한 이유가 있다). 1940년, 1회용 암호표는 근본적으로 깨어지지 않는다는 것이 이론적으로 증명되었다.

이러한 1회용 암호표는 해독하기 어려울 뿐 아니라 매우 안전하다는 것을 다음 몇 가지 예를 통해서 직관적으로 이해해보기로 하자. 만일 어떤 메시지가 다음의 비트열(string of bits)로 되어 있다고 해보자.

111000111000111000

확실히 여기에는 몇 개의 패턴이 나타나는데 세 개의 1과 0이 이어지면서 전체적으로 3번씩 반복된다. 이 패턴은 메시지의 의미와는 상관없이 중요한 특성을 갖는다. 이 특성은 비트열 내에서 다른 부분들과 상호관계를 갖는다는 것이다. 처음 6개의 비트를 알게 되면 반복되는 특성으로부터 나머지 12비트를 추론할 수 있다. 이와 유사한 상호관계는 문장에서도 흔히 볼 수 있다. 즉 어떤 문자열은 문장 중에서 계속 반복해 나타나는데 영어 문장의 동명사를 만드는 -ing나 과거형 접미사 -ed들이 그 예이다. 또한 어떤 특정문자들은 다른 것에 비해 통계적으로 높은 빈도로 나타난다(예를 들어 영어문장에서 "e"는 "b"보다 평균적으로 10배 정도나 많이 나온다). 정말로 비밀키를 깨는 것이 불가능하게 만들거나 또는 적어도 깨기 어렵게 하려면 이런 규칙들을 암호 메시지에서 완전히 없애버려야 한다.

이 예에서는 18비트의 메시지를 가지고 있으므로 18비트의 키가 필요하다. 가능한 1회용 암호표는 다음과 같다.

$$100101110110010010$$

이런 순서들은 겉으로 보아도 상호관계식이 쉽게 드러나지 않음을 금방 알 수 있다. 문자열의 각 부분은 다른 부분과 조금씩 다르며 0과 1들은 대체로 같은 빈도로 나타나고 있다. 이 배열은 마치 우리가 동전을 던져 앞면이면 “0”, 뒷면이면 “1”이되는 배열을 연상시킨다. 이 1회용 암호표를 사용하여 메시지에 모듈화 연산을 각 비트마다 작용시켜 암호화해보자.

$$\begin{array}{c} 111000111000111000 \\ 100101110110010010 \\ \hline 011101001110101010 \end{array}$$

이 결과는 원래의 메시지의 규칙과는 전혀 딴판이 된다. 1이 3개씩 연속되는 구간이 두 군데나 남아 있지만 어떤 특정한 규칙으로 배열된 것처럼 보이지 않으며 “0”과 “1”도 마구잡이 형태로 흐트러져 있다. 기대한 바대로 마구잡이로 발생된 키는 메시지에 나오는 상호관계의 흔적을 깨끗이 지우고 마구잡이로 발생된 것과 같은 인상을 주게 된다. 이렇게 되면 암호 메시지를 가로챈 사람은 암호문의 본래 평문을 알아내기 쉽지 않게 된다.

이미 언급한 바와 같이 1회용 암호표를 이용한 암호기법은 키(key)를 단 한 번만 사용하는 한 확실히 안전하다고 할 수 있다. 만일 다른 메시지를 암호화하면서 같은 키를 여러 번 사용한다면 키에 대한 정보를 노출할 염려가 있다. 실제로 같은 키가 두 개의 메시지에 사용되었다면 암호화된 메시지들의 각 비트마다 모듈화 연산 $e_1 \oplus e_2$ 을 하고 메시지의 평문의 각 비트들의 합인 $m_1 \oplus m_2$ [15]으로 복원시킬 수 있다. 비록 그 합 자체만으로 메시지를 해석하지는 못하지만 이 키가 여러 번 계속 사용되었다면 암호를 해독할 수 있을 만큼의 충분한 정보를 축적할 수 있게 된다.

15) 이 결과는 쉽게 다음과 같이 유도될 수 있다. $e_1 \oplus e_2 = (m_1 \oplus k) \oplus (m_2 \oplus k) = (m_1 \oplus m_2) \oplus (k \oplus k) = m_1 \oplus m_2$.

1회용 암호표가 안전성에서는 뛰어나지만 실제로 그리 실용적이지는 못하다. 왜냐하면 비밀통신을 원하는 두 상대가 메시지를 연속적으로 교환하기 위해서는 처음부터 한 세트의 1회용 암호표(물론 길이가 충분해야 된다)를 교환해야 되기 때문이다. 이것을 실현시킬 수 있는 가장 확실한 방법은 1회용 암호표를 다른 사람이 절대로 열지 못하게 잠그고, 서류가방에 넣어 믿을 만한 사람을 통해 상대방에게 감쪽같이 전달하는 것이다. 이렇게 하려면 시간과 경비가 많이 들지만 1회용 암호표를 이용한 통신에서는 다른 선택의 여지가 없다. 누군가가 엿듣거나 가로챌 수 있는 전화나 인터넷을 통한 암호 교환은 위험하기 이를 데 없으며 통상적인 메일이나 사람에 의해 전달되는 편지의 경우도 마찬가지로 위험이 도사리고 있기 때문이다. 이러한 키(key)의 교환의 문제는 1회용 암호표의 약점이라고 할 수 있으며 더 나은 대안을 찾는 것은 불가능하게 보인다. 그러나 방법은 있다. 그 돌파구는 바로 광자와 양자역학의 힘을 활용해보는 것이다.

6.4 비밀스런 광자

1회용 암호표(one-time pad)를 양자적 특성을 갖는 광자로 대체하는 방법에 대해 알아보기로 하자(**그림 6.2**). 이제는 어느 정도 익숙해진 편광자,

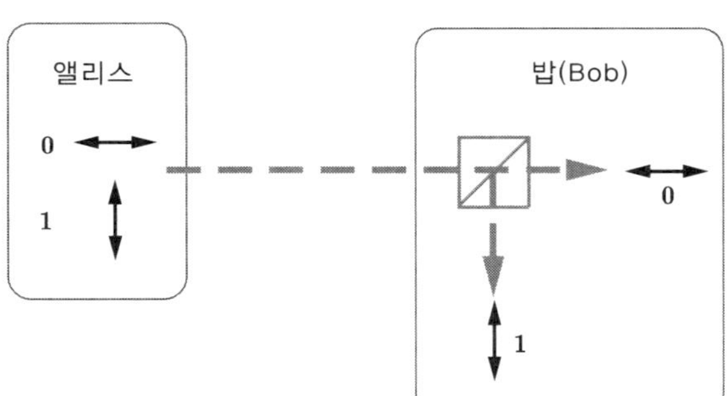

[그림 6.2] 편광된 광자를 이용한 단순 전달과정. 앨리스는 "0"과 "1"을 나타내는 수평과 수직 편광을 사용하고, 밥은 편광분리기를 사용하여 광자의 편광상태를 검출하여 앨리스가 보낸 값으로 복원시킨다.

편광분리기, 광자 검출기 등을 활용하여 다음 규칙을 정해보자. 수직 편광된 광자를 2진법 문자열의 “1”로, 수평 편광된 광자는 “0”으로 각각 나타내자. 만일 메시지를 보내려는 사람(통상 많은 책에서 “앨리스(Alice)”라 하니 여기에서도 그렇게 부르도록 하자)이 1회용 암호표 “1001101”을 다른 사람에게 전하려고 한다면 앨리스가 해야 할 일은 단일광자들을 “수직-수평-수평-수직-수직-수평-수직”과 같은 순서로 편광자로 보내는 것이다. 광자를 받는 사람을 “밥(Bob)”이라 부르자. 밥은 키를 받기 위해 편광분리기와 두 개의 검출기를 사용한다. 광자가 빛분리기를 직선으로 통과해서 검출기를 통과하면 밥(Bob)은 받은 광자가 수평 편광되었음을 알게 되며 “0”을 기록하게 된다. 만일 광자가 90° 각도로 나오면 수직 편광되었으므로 “1”을 기록하게 된다.

이런 방법은 얼마나 안전하게 전달할 수 있을까? 이 질문에 대한 답을 하기 위해서 “이브(Eve)”라는 사람을 도입하기로 한다. 이브는 앨리스와 밥 사이의 메시지를 엿듣는 사람이다. 들키지 않고 가능한 한 많이 비밀키에 대한 정보를 얻어내는 것이 이브의 임무다. 들키지 않는 것이야말로 이브에게 가장 중요하다. 이론적으로 이브는 앨리스가 밥에게 보내는 모든 광자를 가로채서 비밀키 정보를 얻어낼 수가 있다. 밥은 앨리스가 보낸 광자를 받게 될 것을 기대하는데 아무 것도 받지 못하면 앨리스에게 전화를 해서 문제가 생겼음을 알린다. 그러면 앨리스는 밥에게 암호 메시지를 더 이상 보내지 않게 된다. 왜냐하면 그녀는 누군가 광자를 가로채고 있으며 어쩌면 비밀키를 가졌을지도 모른다고 가정하기 때문이다. 이것은 달갑지 않은 일이므로 앨리스와 밥은 다른 방법으로 비밀키를 교환하려 한다. 그렇지만 이 과정에서 적어도 중요하지 않은 정보들은 누설되었다고 할 수 있다.

이브는 실제적으로 그 이상의 일을 할 수 있다. 수직 편광된 광자를 가로채어 비밀키가 1이 되는 것을 알아낸 후에 수직 편광된 광자를 만들어 그것을 밥에게 보내는 것이다(**그림 6.3**). 이 사이에 시간이 지연되는 일이 없다고 가정한다면(앨리스와 밥은 서로의 통신에 대해 정확한 타이밍에 대해 서로 동의했을지도 모른다) 밥은 앨리스로부터 온 광자인지 이브로부터 온 '가짜' 광자인지 모를 것이다. 수직 편광된 광자들을 구별할 수 없으므로 밥은 광자가 가짜로 위조되었는지 의심하지 않게 된다. 실제로 이브는 이보다 더 나쁜 일을 할 수도 있다. 앨리스의 광자를 가로채고 난 후 똑같이 복사된 광자를 보내지 않고 마구잡이로 편광된 광자를 밥에게 보낼 수도 있다. 그 결과 이브는 전체의 비밀키를 받고 암호화 메시지를 모두 가로채면 앨리스의 비밀정보를 모조리 알게 된다. 그리고 밥은 어떤 정보도 전혀 받지 못한다. 이런 식으로 편광 광자들을 사용하는 통신은 완벽할 수 없다는 것은 확실하다. 전화로 메시지를 보내는 경우에도(이브가 발각되지 않고 메시지를 완벽하게 가로채는 능력을 포함하는) 같은 결과를 초래한다.

따라서 앨리스와 밥의 통신을 다음과 같이 1회용 암호표를 이용하는 방법으로 생각해보자. (a) 이브는 키에 대한 어떤 정보도 발견할 수 없다. (b) 이브가 가로채기를 시도하는 경우에도 앨리스와 밥은 그것을 즉시 알게 되어 키의 교환을 중단한다. 이렇게 만들기 위해서 앞서의 과정에서 발생했던 문제점을 양자법칙으로 보완할 수 있는지 살펴보자.

여기서는 이브의 전면적인 공격, 즉 앨리스가 보낸 광자를 이브가 모두 가로채어 밥이 광자를 전혀 받지 못해 앨리스에게 알리게 됨으로써 통신이 중단되는 경우는 없다고 가정해보자. 그리고 이브의 교묘한 도청 공략에 초점을 맞추어보기로 하자. 이브가 밥에게 보내는 앨리스의 광자를 가로채서

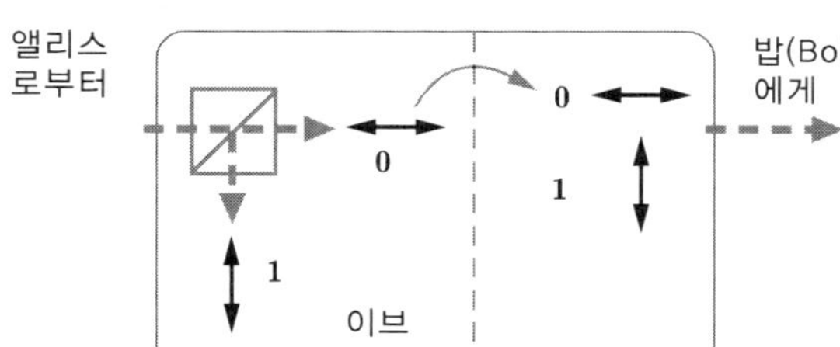

[그림 6.3] 도청 전략도. 이브는 앨리스로부터 오는 광자를 가로채고 편광된 다른 광자를 보낸다.

그 광자의 편광을 알아내고 똑같이 편광된 광자를 밥에게 보내는 것이다. 만일 이브가 시간 지연 없이 밥에게 광자를 보내기만 한다면 밥은 그 광자가 앨리스에게서 온 것으로 생각할 것이다. 이 통신에서 문제점을 지적한다면 바로 이브가 비밀키를 가로채고 거의 동시에 편광된 광자를 밥에게 보낸다는 점이다. 이보다 완벽한 도청은 없을 것이다. 이러한 문제점을 우리는 어떻게 해결할 수 있겠는가? 의외로 간단한 문제라고 할 수 있다.

6.5 마구잡이(Randomness)의 요소

양자역학에서 측정을 할 때 명확한 결과를 얻기 위해서 특정한 기저상태(basis)를 사용하여야 한다. 예를 들어 만일 받은 광자가 처음에 수평이나 수직방향 중의 한 방향으로 편광되어 있다면 두 방향의 축을 갖는 편광분리기를 사용할 필요가 있다. 따라서 어떤 광자가 편광분리기를 똑바로 통과하면 수평으로 편광되어 있다고 하고, 편향되면 수직 편광의 광자라고 확신할 수 있다.

이 편광분리기를 45° 로 회전한다면 상황이 약간 달라질 것이다. 만일 수평 편광된 광자를 받는다면 어떻게 될까? 양자상태(편광자의 축)를 측정하는 편광분리기(기저상태)의 방향이 광자의 편광축 방향과 일치하지 않으므로, 측정 결과는 측정하는 편광분리기의 각 성분으로 분리되고 각 성분의 제곱에 비례한다. 편광분리기의 축은 광자의 편광축에 대해 45° 로 회전되어 있으므로 수평 편광된 광자는 편광분리기의 두 축 방향에서 동일한 성분을 가지게 된다. 편광분리기의 두 축 방향을 수평 편광에 대해서 각각 +45(도)와 −45(도)로 이름 붙이면, 그 수평(H) 편광의 양자상태는

$$|H> = \frac{1}{\sqrt{2}}(|+45>+|-45>)$$

이 된다. 이 상태의 $|+45>$항 앞 계수는 $\frac{1}{\sqrt{2}}$이므로, 광자가 그 편광분리

기를 직선으로 통과할 확률(P)은

$$P(\text{직선통과}) = \left(\frac{1}{\sqrt{2}}\right)^2 = \frac{1}{2}.$$

가 된다. 편향될 광자의 확률도 정확하게 이와 같은 값이 된다. 즉, 분리기를 통과한 수평 광자는 편향되는 광자와 같은 확률을 갖는다. 다른 말로 앨리스가 밥에게 보내려는 비밀키의 "1"을 나타내는 광자는 밥이 받을 때 "0" 또는 "1", 둘 중에 하나를 받을 확률이라는 것과 같다. 실제로 이러한 키는 키통신에서 쓸모가 없다.

이런 문제점을 피하려면 앨리스와 밥은 통신에 어떤 방향을 선택할 것인지 미리 결정하고, 앨리스는 사용한 기저상태를 통신하기 전에 밥에게 미리 알려야 한다. 이렇게 하면 밥은 모든 편광들을 불확실성이 포함되지 않게 측정할 수 있게 된다. 그러나 이 경우에도 이브는 앨리스가 밥에게 보내는 키의 기저상태를 쉽게 가로챌 수 있다. 이렇게 되면 다시 원점으로 되돌아오지만 이제는 문제 해결이 거의 가까워졌다. 앨리스가 편광 기저상태를 어떻게 보낼 것인지 명확하게 미리 밥에게 말하지 않는다면 밥은 비밀키에 대해 전혀 알 수가 없다. 이브도 마찬가지일 것이다. 만일 앨리스가 기저상태에 대해서 말한다면 그때는 이브도 알게 되며 그와 동시에 통신은 안전하지 않다. 그렇다면 양자역학의 기묘함에 의지하면서 우리의 상상력을 비약시켜 이러한 두 개의 극단상황을 연결 지을 필요가 있다. 앨리스가 밥에게 기저상태에 대한 미리 말하는 것은 안전하지 않으므로 광자를 전달한 후에 기저상태에 대해 알려준다면 어떻게 될까?

6.6 선별키

전달한 다음에 기저상태를 교환한다는 것은 약간 이상해 보일 수도 있다. 우선 밥이 올바르지 않은 기저상태에 있는 광자를 측정했다면 이 결과는 마구잡이

(random) 상태라서 쓸모가 없다. 그러나 밥이 우연히 올바른 기저상태를 선택하게 된다면 어떻게 될까? 이 예에서는 앨리스가 보낸 "1"은 실제적으로 밥의 측정에서도 1이며, 앨리스의 "0"은 밥에게도 "0"일 것이다. 그러므로 밥은 올바르게 전달되었다고 생각하고 그 비밀키를 선택한다. 또는 앨리스가 밥에게 광자를 전달한 후에 자기가 선택한 기저상태에 대해 알려준다면 밥은 그 정보에 의해 비트를 보관하거나 삭제할 수도 있다. 앨리스도 밥이 선택한 광자의 기저상태의 정보를 듣고 역시 비밀키로부터 특정 비트를 삭제하거나 보관할 것이다. 결국 그들은 둘 다 원래보다 길이가 절반(1/2)에 해당하는 키를 갖게 된다. 이것을 선별키(sifting key)라 하며 편광 기저들을 이용한 전달키의 길이 분할이라고 할 수 있다. 그렇다면 이것은 안전한가? 답은 놀랍게도 "그렇다"이다.

그 이유를 알기 위해 새로운 전달체계에서 이브가 어떻게 대응할 것인지를 살펴보자. 앨리스는 각 광자에 대해 마구잡이로 선택된 기저상태들을 밥에게 보내고 밥은 전달 받은 후에 그 기저상태를 다시 앨리스에게 알려준다는 것을 기억하자. 이것은 이브가 가로챈 광자에 대해서 어떤 기저상태를 선택할지 모른다는 것을 의미한다. 예를 들어 앨리스가 "1"을 보내려고 수평 수직의 기저상태를 선택하고 밥에게 수직 광자를 보냈다고 하자. 이브는 그것을 가로챈다. 앨리스가 선택한 기저상태를 모르기 때문에 이브는 단지 추측할 수 있을 뿐이다. 만일 이브가 올바르지 않은 기저상태를 선택하여 ±45° 방향을 따라 측정했다고 해보자. 이 측정의 결과는 "0" 또는 "1"로 받게 될 확률이 같다. 따라서 이브는 앨리스의 비밀키에 대해 어떤 정보도 받지 못한다. 따라서 그녀가 "0"을 측정하게 된다면 −45° 의 편광된 광자를 밥에게 보낼 것이다. 이 경우에는 두 가지 가능성이 있을 수 있다. 밥이 앨리스와 같은 기저상태를 선택하든지 아니면 이브와 같이 ±45° 방향을 선택할 가능성이다. 후자의 경우라면 밥은 이브와 같은 광자를 측정할 것이고 앨리스에게는 틀린 기저상태가 될 것이다. 앨리스가 밥에게 그의 기저상태 측정이 틀렸다고 알린다면 밥은 어쨌든 측정 결과를 무시해버리면 되므로 더 이상 걱정할 염려가 없다. 그런데 흥미로운 상황은 밥이 앨리스의 수평-수직광자 기저상태를 선택하는 경우이다. 이브의 ±45° 방향의 기저상태는 밥에게도 완전히 마구잡이적 결과를 주게 된다(물론 이브가 앨리스로부터 가로챈 광자도 이미 마구잡이 상태였다). 그럼에도 불구하고 밥은 기저상태가 앨리스와 일치할 경우에는 키의 한 조각이 올바르게 전달되었다고 생각하고 그것을 모으게 될 것이다.

그럼 잠깐만 이 논리에 대해 다시 살펴보기로 하자. 이 전달체계에서 틀린 기저상태를 선택한 이브는 마구잡이 상태의 결과를 얻으므로 직접적으로 비밀키에 대한 정보를 얻지 못한다. 그러나 앨리스가 선택한 것을 밥에게 알리게 되면 이브는(일정하게 엿듣는 자라고 가정하자) 올바른 비트가 무엇인지 알게 되므로 그것만 모으려고 할 것이다. 따라서 이브는 앨리스 키의 반을 알게 된다. 만일 앨리스가 밥에게 암호화된 메시지를 보내기 시작하면 이브는 키의 반을 알고 있으므로 반의 메시지를 알아차리거나 아니면 그것만으로도 메시지 내용의 전체를 확인할 수도 있다. 한편 밥은 이브가 보낸 잘못된 기저상태의 광자를 받았기 때문에 틀린 키의 일부분을 갖게 되고 이브가 알고 있는 것보다 훨씬 키에 대한 정보를 모르게 된다. 이상스럽지 않은가? 어떻게 이 혼란을 피하겠는가?

이제는 간단하게 추론할 수 있다. 이브가 앨리스의 광자를 측정할 때 그녀가 틀린 기저상태를 사용했다는 것을 기억해보자. 그 결과 밥은 앨리스와 같은 편광을 사용하여 그 측정기저가 앨리스로부터 확인을 받은 경우에도 마구잡이 상태의 측정 결과를 갖게 된다.

이것은 논리에 있어 모순점으로 보일 수도 있지만 실제는 그렇지 않다. 이브의 광자 위조로 앨리스와 밥은 서로 확인을 위한 조사를 벌인다. 예를 들어 선별키 중에 1비트에서 100비트(수백 비트나 수천 비트 중에서) 정도가 일정하게 일치한다는 것을 확인하는 작업을 공개적으로 한다. 다른 말로 앨리스는 비밀키의 부분을 밥에게 공개하는데 물론 이런 공개를 통해 이브도 비밀키를 알게 된다. 그러나 이브는 공개키로부터는 아무런 정보를 얻을 수 없다. 왜냐하면 키는 단순히 확인하는 도구로만 사용되기 때문이다. 비트 대 비트로 키를 부분적으로 비교함으로써 앨리스와 밥은 밥이 기저상태를 올바르게 받은 경우의 비율을 계산해낼 수 있다.

밥에게 광자를 보낼 때 아무 일도 없었다고 가정하자. 그러면 이 백분율 값은 100이 되고, 선별키는 오로지 밥이 올바른 기저상태를 사용하였던 비트들로만 이루어진다. 그러나 이브가 광자를 가로채 그 광자를 밥에게 보냈다고 해보자. 이브가 앨리스와 같은 기저상태를 사용하게 되더라도 이러한 광자들은 원래의 광자와 구별할 수가 없을 것이다. 그러나 이브가 틀린 광자를 받으면 밥이 받은 광자도 또한 틀린 기저상태가 된다. 따라서 밥이 앨리스와 같은 기저를 선택하는 일이 일어나더라도 그는 중간에 틀린 광자를 측정하게 된다. 따라서 밥이 올바른 것을 측정할 백분율은 50 %가 된다. 그러면 앨리스와 밥은 그들의 통신을 다른 사람이 엿들었다고 결론을 내리고 키 전부를 무시하게 될 것이다.

6.7 BB84 프로토콜(통신규약)

앨리스와 밥의 통신에 대해서 잠시 정리해보면 다음의 결론에 도달하게 된다. 양자를 전달할 때 밥이 마구잡이의 독립적 편광기저를 선택한 경우와, 기저상태를 전달한 다음 선별키를 공개적으로 교환하고 논의한 경우, 두 경우 모두 도청자 존재를 감지하게 되고 그 키를 무시하게 된다. 반대로 앨리스와 밥은 서로 받은 부분 키가 서로 완전히 대응된다면 아무도 엿듣지 않았으며 그들의 키가 안전하게 전달되었다고 확신하게 된다. 그러면 앨리스는 계속적으로 비밀 메시지를 공개적 채널과 1회용 암호를 사용하여 밥에게 보낼 수 있다.

이렇게 광자를 사용하여 안전하게 1회용 암호로 전달하는 방식을 BB84 프로토콜(또는 통신규약)이라고 하는데 이것은 1984년에 찰스 베네트(Charles

Benett)와 질 브라사드(Giles Brassard)가 공동개발하였다. BB84 프로토콜의 각 단계들을 요약하면 다음과 같다(**그림 6.4**).

1. 앨리스가 자신의 비밀키인 "0"과 "1"을 광자의 수직, 수평상태든가 ±45° 편광 기저상태로 전환시킨다.
2. 밥이 앨리스의 광자를 받아서 기저상태를 마구잡이로 선택하여 수평-수직의 기저든지 아니면 45° 편광 기저로서 광자를 측정한다.
3. 앨리스가 밥에게 광자들을 보낸 후, 그들은 광자가 각각 어떤 기저상태로 측정되었는지 공개적으로 논의한다.
4. 앨리스와 밥은 그들의 기저상태가 일치한다고 동의한 비트들만 보관하여 선별키를 복원한다.
5. 마지막으로 그들은 자신들의 선별키들을 조합하고 공개적으로 확인하는데 만일 선별키가 완전히 서로 일치하지 않는다면 제3자인 이브가 엿들었다고 판단하고 모든 키를 버린다.

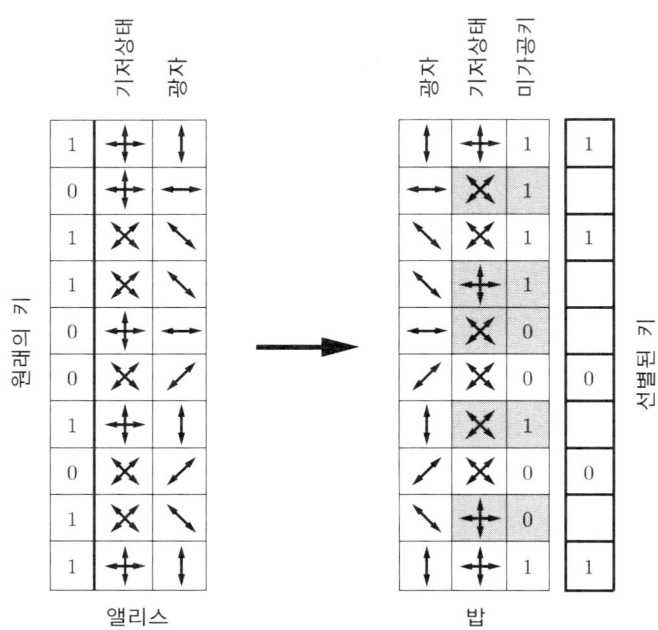

[그림 6.4] BB84 양자암호 프로토콜(통신규약)

이 BB84 프로토콜은 수평-수직 기저상태와 ±45° 기저상태에서 단일 광자의 편광을 측정하는 것은 불가능하다는 양자역학적인 원리를 바탕으로 한다. 측정 기저상태는 광자가 원래 편광될 때의 기저상태와 같아야 한다. 그렇지 않으면 측정 결과가 완전히 정의되지 않는 마구잡이 상태가 된다. 앨리스와 밥은 마구잡이 상태이면서 독립적으로 편광상태를 선택함으로써 이브에 대해 어떤 대책을 마련할 수가 있다. 선택된 기저상태를 모르는 이브는 밥과 앨리스가 서로 같을 것으로 기대하는 측정 결과를 마구잡이 상태로 만들게 되어 그녀의 존재가 드러나기 때문이다.

6.8 복제 불가의 원리

지금까지 앨리스와 밥이 마구잡이의 기저상태에서 편광된 광자들의 교환을 통하여 안전하게 통신하는 것에 대해 살펴보았다. 이 과정에서는 이브가 비밀리에 도청하는 것이 불가능해 보인다. 그러나 대충 지나쳐버린 가능성이 있는지 한번 생각해볼 필요가 있다. 앞의 논의에서는 항상 이브가 앨리스의 광자를 가로채서 편광을 측정하고 밥에게 보내는 것만을 가정해왔다. 이브가 틀린 기저상태를 받았을 때 그녀는 흔적을 남기게 되고 앨리스와 밥은 이브의 존재를 곧 알아냈다. 그러나 이브가 지금보다 훨씬 영리해서 예방책을 간단하게 만든다면? 예를 들어, 이브가 앨리스의 광자를 측정하기 전에 그 광자를 완전히 복제한다. 두 벌의 동등한 광자들을 가지게 되면 그들 중의 하나는 밥에게 직접 전달하고 다른 하나는 측정에 사용하는 것이다. 그러는 동안에도 이브는 밥과 같이 50 %의 일치하지 않는 광자를 갖게 되지만 앨리스와 밥이 기저상태에 대해 선택하는 대화를 듣기만 해도 그녀는 선택할 비트와 버려야 될 비트가 무엇인지 알 수 있다. 그리고 그녀는 자신이 가진 키 중에서 밥과 일치하지 않는 비트를 버리면 된다. 그 비트들은 키에 선택되지 않는 쓸모없는 것이기 때문이다. 최종적으로 이브는 50

%의 키를 갖게 된다. 앨리스가 메시지를 암호화하기 위해 키를 사용하게 된다면 이브는 메시지 단문으로 해독하기에는 충분하지 않지만 암호[16]를 깰 수 있을 만큼의 정보를 확보하는 셈이다.

이 계획은 그럴듯하지만 간단한 이유로 실행이 불가능하다. 양자역학에서는 복제가 원리적으로 허용되지 않는다. 양자역학의 배타 원리에 의하면 미지의 양자상태는 완전히 똑같이 복제된 상태로 존재할 수가 없다. 물론 누군가가 광자를 우리에게 보내서 그것이 수평 수직의 기저상태에서 편광된 광자라고 말해준다면 우리는 분리기와 광자검출기 장치를 통해 편광상태를 판별한 다음에 그와 같은 광자를 만들어내면 된다. 그러나 이렇게 편광 기저상태의 양자상태를 이미 알고 있다는 것은 시험을 치르기 전에 미리 문제지를 보는 부정행위에 비유된다고 할 수 있다. 완전히 확인되지 않은 양자상태란 아무 것도 알려지지 않은 상태 — 앨리스가 자기가 선택한 기저상태가 무엇인지 전혀 알리지 않고 전달한 광자 상태 — 를 말한다. 이제 양자상태에 대한 기호를 이용하여 좀 더 전문적으로 표현해보겠다. 우선 '공백상태(blank slate)', 즉 '비어있는' 양자상태를 원하는 양자상태로 점유하게 한다고 해보자(예를 들면 비어있는 플로피 디스크에 우리가 원하는 파일을 복사하는 것과 같다). 만일 우리가 수직(V) 광자 상태의 복제를 원한다면 이러한 복합 상태의 표현은

$$|V>_1|\text{비어 있는 상태}>_2$$

이다. 이 기호는 처음 광자가 수직 편광이고 두 번째 광자는 공백 또는 비어있는 상태라는 것을 표시한다.

다음으로 광자 복제기(photocopier)는 광자 1의 양자상태를 광자 2의 비어있는 상태에 도장처럼 찍어내는 기계라고 하자. 양자역학에서는 그와 같은 기계들을 연산자라고 부른다. 일반적으로 연산자란 초기 양자상태인

16) 이브에게 더 나은 전략으로는 이브가 광자를 모아두었다가 앨리스와 밥이 자신들의 측정기저상태를 논의한 다음에 그 광자들을 측정하는 것이다.

$|$처음상태$>$를 다른 양자상태 $|$나중상태$>$로 변환시키는 것이다(3장에서 벡터를 변화시키는 행렬과 같은 개념이다). 보통은 이 연산자들을 기호 U로서 정의하며 이러한 연산자의 정의를 기호로 쓴다면

$$U|\text{처음상태}>=|\text{나중상태}>$$

가 된다. 예를 들어 처음 상태가 수평(H) 편광인 광자이고, 연산자가 편광을 90° 로 회전하는 편광판이라고 해보자. 그러면

$$U_{\text{편광판}}|H>=|V>$$

이 되는데, 이와 같이 기호를 쓰면 매우 편리하고 지면이 절약된다. 만일 비어있는 상태에 수평 편광된 광자를 복제한다면

$$U_{\text{복제}}(|H>_1|\text{비어있는상태}>_2)=|H>_1|H>_2$$

이며, 광자 2 양자상태는 비어있는 상태로부터 수평 편광상태로 바뀌게 된다. 가상의 복제 기계는 원래의 상태를 변화시키거나 붕괴시키는 것이 아니므로 복제 과정 후에도 광자 1은 처음 상태로 유지된다. 또한 이 복제기는 수평 광자뿐만 아니라 수직(V) 광자도 다시 만들 수 있다. 이 과정은

$$U_{\text{복제}}(|V>_1|\text{비어있는상태}>_2)=|V>_1|V>_2$$

이다. 마지막 단계로 복제기가 어떤 미지의 편광상태를 복제할 수 있도록 하려면

$$U_{\text{복제}}|\text{미지의상태}>|\text{비어있는상태}>=|\text{미지의상태}>|\text{미지의상태}>$$

이며, 알려진 바대로 일반적인 편광상태는 각각의 성분 $H>$와 $V>$ 상태로 나타낼 수 있다. 따라서 미지의 상태는

$$|\text{미지의 상태}>=a*|H>+b*|V>$$

이고, a와 b는 상태가 규격화될 때 정해지는 상수 값이다. 이제 이 상태를 적용하면

$$U_{복제}(|미지의 상태>_1|비어 있는 상태>_2)$$
$$= U_{복제}(a*|H>_1+b* V>_1)|비어있는 상태>_2$$

이 된다. 위 식을 정리(괄호를 풀거나 하는 정도)하면 이 상태의 오른편은

$$U_{복제}(a*|H>_1|비어있는 상태>_2+b*|V>_1|비어있는 상태>_2)$$

이고, 마지막으로 괄호 안의 각 항들에 복제연산자가 작용되면

$$a*|H>_1|H>_2+b*|V>_1|V>_2$$

이 되어 기대된 바의 결과가 얻어진다. 한 개의 수평과 수직 편광상태의 중첩은 결과적으로 한 쌍의 수평과 수직 편광 광자들[17)]의 중첩상태로 바뀌게 된다. 다른 말로 두 개의 편광상태들은 비어있는 상태에 복제되었다고 할 수 있다. 그러면 여기서 다른 문제가 생긴다. 위와 같이 미지의 양자상태에 복제연산자를 작용시키면 복제를 통하여 정확히 같은 양자상태를 만들어내야 되지 않을까? 즉,

$$U_{복제}|미지의 상태>|비어있는 상태>=|미지의 상태>|미지의 상태>$$

인데, 이제 일반적인 양자상태를 오른편에 대입하게 되면

$$\begin{aligned}|미지의 상태>|미지의 상태>&=(a*|H>_1+b*|V>_1)(a*|H>_2+b*|V>_2)\\&=a^2*|H>_1|H>_2+a*b*|H>_1|V>_2\\&\quad+a*b*|V>_1|H>_2+b^2|V>_1|V>_2\end{aligned}$$

이 된다. 이 결과는 미지의 상태에 복제연산자를 작용하여 얻은 상태와 조금 다르다. 그러나 실제로 $a=1$이고 $b=0$이거나 또는 그 역에 해당될 때 두 최종상태는 같아지게 된다. 다른 말로 표현하자면 미지의 상태를 정확하게 복제할 수 있는 유일한 경우는 광자가 수평이든지 아니면 수직이든지 둘 중의 하나인데 결국 두 상태가 연산자에 의해 복제된다고 가정했기 때문

---

17) 이것이 바로 얽힘상태이다. 얽힘 현상은 후반부에서 다시 고찰해보기로 한다.

에 아무 것도 얻을 수 없다는 것을 의미한다. 이것은 일반적이면서도 매우 중요한 결과가 된다. 미지의 양자상태는 결코 정확하게 복제될 수 없다(**그림 6.5**). 거의 비슷하게 복제할 수는 있어도 정확한 복제는 결코 불가능하다. 바로 "양자 복제 불가의 원리(quantum no-cloning theorem)"[18]는 앞으로도 근본적인 원리가 되며 여기에서는 이브가 발각되지 않고 앨리스의 광자를 복제하여 엿듣는 것은 불가능함을 뜻한다.

6.9 섞이는 잡음

복제 불가의 원리에 의하면 도청자가 중간에 가로채어 전송하는 전략을 사용하여 비밀키에 대한 정보를 빼가는 것은 근본적으로 불가능하다는 것을 알 수 있다. 이브가 앨리스로부터 받은 광자를 측정한 다음 밥에게 다른 광자를 보내게 된다. 이브가 앨리스의 광자를 복제할 수 없는 경우는 키의 50 %만 알기 때문에 광자를 밥에게 보내면 밥의 선별키에 25 %의 오류를 만든다(이것을 '비트 오류비율'이라고 부른다). 따라서 결국은 이브의 존재가 드러나게 된다. 물론 도청자의 '개별적 공격'(이브가 가로챈 단일 광자를 측정만 하는 경우를 말한다)에는 이 방법만 있는 것은 아니다. 이브는 광자

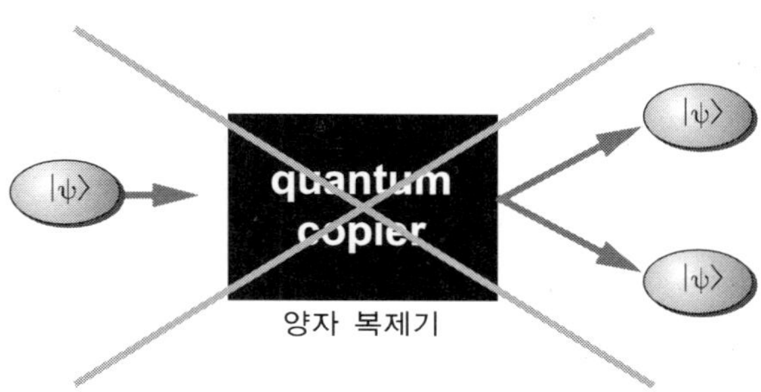

[그림 6.5] 복제 불가의 원리 : 미지의 양자상태 $|\psi>$는 정확하게 복제되지 않는다.

18) W. K. Wootters와 W. H. Zurek(1982).

들의 일부만을 가로챌 수 있다. 예를 들면 광자 10개 중에 하나만을 가로채는 경우라면 이브는 키의 5%만 얻을 수 있으며 오류가 포함되는 비율까지 감안하면 2.5%로 떨어지게 된다. 원리적으로 아직은 이브의 존재를 검출해 낼 수 있다. 그러나 실제로 쉬운 일이 아니다.

지금까지는 이브만이 광자를 가로채서 교란시킨다고 생각했다. 그러나 실제는 어느 누구도 도청하지 않는데도 불구하고 잡음이나 불완전한 광검출기 등에 의해 교란이 일어날 수 있다. 만일 그와 같은 불완전성에 의한 오류비율이 자연스럽게 5%에 달한다면 이브의 2.5%는 검출하기가 어려워지게 된다. 따라서 만일 이브가 매우 영리하다면 계속 윤곽을 드러내지 않고 키의 2 내지 3%만의 정보를 확보하는 것만으로 만족할 수도 있다. 사실 어쩌면 그 정도만으로도 메시지를 해독하는 데 충분할지도 모른다.

6.10 점점 증가되는 비밀

도청자 검출이 어렵다는 것 외에도 잡음은 다른 문제점을 만든다. 앨리스와 밥의 선별키가 완전하게 일치하게 않게 만든다는 점이다. 이 문제를 해결하기 위해서는 앨리스와 밥은 고전적인 오류보정 방법을 사용할 수도 있다. 오류보정 방법은 키에서 두 개의 특정한 비트를 일치시키는 것인데 예를 들어 5와 15를 일치시키고 각각에 모듈러 2 덧셈을 해준다. 만일 앨리스와 밥이 같은 결과가 나오면 그 비트를 보관하고 그렇지 않으면 삭제해버리는 것이다. 이렇게 한다면 이브는(항상 듣고 있는 제3자이다) 앨리스와 밥이 서로 확인을 거치게 된 두 비트의 값에 대해 알지 못한다. 예를 들어 모듈러 2의 덧셈 결과가 0이라면 5와 15비트는 "0"과 "0"으로 또는 "1"과 "1"이 될 수도 있지만 이브는 그것에 대해 알 수 있는 방법이 없다. 앨리스와 밥은 그들의 결과가 서로 일치한다면 5와 15비트는 실제적으로 같다고 확신할 것이다(물론 비교적 오류비율이 낮아 안정적이어서 양쪽의 비트가 오류에 의해 영향 받지 않는다는 것을 가정한다).

이와 비슷한 방법으로 앨리스와 밥은 이브가 가지게 될 비밀키 정보들을 더 적게 만들 수도 있다. 위에서 본 바와 같이 이브는 낮은 비율의 광자를 가로채어 잡음의 오류비율만큼만 부분적으로 키의 정보를 얻는다. 만일 앨리스와 밥이 만일 이브가 키에 대해 거의 알지 못한다고 확신한다면 그들은 모듈러 2의 연산을 해서 각 비트 쌍을 대체할 수가 있다. 예를 들어 오류보정 후에 앨리스와 밥은 둘 다

001101000010

의 키를 가지게 된다. 이 키에서 이웃하는 비트를 한 쌍씩 더하게 되면

00101

이 된다. 한편 이브는 그 키를 다음의 세 개의 오류(밑줄이 그어진 부분)가 있는 상태로 가지고 있을지도 모른다.

$$0\underline{1}1\underline{0}01001\underline{1}$$

따라서 열 개 중에 세 개가 오류가 있으므로 처음에는 30 %의 비트가 잘못되어 있다. 만일 지금 간략화된 키를 얻기 위해 각 비트쌍마다 모듈러 2의 연산을 하면 이브가 얻게 될 키는

$$\underline{1}\underline{1}10\underline{0}$$

으로 오류 상태가 더 많아졌다. 이브는 아직 3개의 오류를 여전히 가지고 있는 것이다. 이브의 오류는 5개 중에 3개이므로 60 %의 오류비율이 되어 모듈러 2의 연산을 작용하기 전보다 2배나 커졌다. 결국 앨리스와 밥은 이브보다 키에 대해서 훨씬 더 많은 정보를 갖게 되고 비밀이 더 확실히 유지되면서 비트를 모을 수가 있다. 이런 이유로 이러한 과정은 '비밀 증폭(privacy amplification)'으로 알려져 있다.

지금까지 앨리스가 밥에게 광자를 보낸 후 이브의 존재를 감지하고 키의

비밀을 더 증폭하기 위해 앨리스와 밥이 할 수 있는 일에 대해서 알아보았다. 그러나 이에 앞서서 근본적인 문제를 더 숙고할 필요가 있다. 예를 들면 밥이 자기가 받은 광자가 앨리스에게서 온 것인지 아닌지 어떻게 알아낼 수 있느냐는 문제이다. 이브는 자신을 앨리스로 가장하고 밥에게 광자를 보낼 수도 있다. 그리고 밥이 암호화 메시지를 앨리스에게 보내면 이브는 이것을 완벽히 해독할 수 있을지도 모른다. 즉 키가 바로 이브로부터 나올 수 있다는 점이다. 이것을 막으려면 앨리스와 밥은 서로의 대상을 확인해야 할 필요가 있다. 즉 통신을 시작하기 전에 통신할 대상자를 확인하기 위해 사전에 1회용 암호표를 미리 교환하는 것이다. 이러한 1회용 암호표는 일종의 '씨앗'과 같은 것으로 앨리스와 밥이 비밀키를 더 길게 '성장'시키기 위해서 반드시 필요한 것이다. 이러한 이유로 양자암호학(quantum cryptography)은 '양자키 증식(quantum key growing)'으로 불리기도 하며 실제로 일어나는 키 교환 때문에 '양자키 교환(quantum key exchange)'이라 불리기도 한다. 그러나 현재의 양자암호학이란 용어가 더 적절하다고 생각된다.

6.11 에케르트의 아이디어

BB84 프로토콜에 의한 양자암호 통신은 이미 놀랄 만한 성과를 보이고 있지만 양자역학의 원리는 양자키 분배에서 더 놀라운 청사진을 제공하고 있다. 1991년에 옥스퍼드 대학의 아르투르 에케르트(Artur Ekert)는 얽힘 광자(entangled photon)[19]들을 사용하여 미리 짜여진 비밀키를 다룰 수 있는 방법을 발견하였다.

에케르트의 방법은 BB84 프로토콜과 유사하지만 매우 중요한 차이점이 있다. 앨리스가 밥에게 광자를 보내는 대신 앨리스와 밥이 각각 얽힘 광자쌍(entangled pair)의 하나씩을 갖는 것이다. 이 광자쌍은 앨리스나 밥의

19) A. Ekert(1991).

위치에서 만들어졌거나 또는 그 외의 다른 곳에서 만들어진 광자들이다. 앨리스와 밥은 그들이 받은 각각의 광자들을 기저를 선택해서 측정하고, 그러고 나서 서로 선택한 기저상태에 대해 논의한 다음 선택키를 복원시키는 방식이다.

앨리스와 밥이 다른 기저상태를 사용하여 측정[20]했다는 것은 BB84 프로토콜에서는 중요하지 않았으나, 에케르트의 구상에서는 유용하게 사용되며 이 측정결과를 통해 앨리스와 밥의 얽힘 광자가 벨의 부등식의 값을 깨는지에 대해서 계산해볼 수 있다. 만일 부등식이 깨지지 않으면 앨리스와 밥은 이브가 광자들을 가로채서 얽힘 관계를 소멸시켰다고 가정할 수도 있다.

에케르트의 양자암호 방법에서는 마구잡이 상태를 만드는 1회용 암호표를 더 이상 통신 시작 전에 교환할 필요가 없다. 여기서는 얽힘의 핵심인 양자보정(quantum correlation)을 통해서 1회용 암호표가 각각 동시에 앨리스와 밥의 위치에서 만들어지게 된다.

6.12 실제의 양자암호 통신

양자암호 통신은 우리의 직관을 뛰어넘는 기묘함이 있지만 분명히 실제로 작용된다. 1989년에 처음으로 양자키 변환이 적은 규모의 예산으로 이루어졌다. BB84 프로토콜을 고안하기도 했던 찰스 베네트(Charles Bennett)는 MIT를 졸업한 존 스몰린(John Smolin)과 더불어 양자암호 통신을 실험적으로 증명했다. 당시 베네트의 연구기금은 300달러보다 작은 실험장비는 원하는 대로 구입할 수 있었지만 그 이상의 비싼 것은 구입이 허용되지 않았다.[21] 그런 이유로 그들이 만든 실험장비는 발광 다이오드(LED), 광검출기,

20) 얽힘 형태의 광자인가 아닌가에 의존되므로 앨리스와 밥이 상호 연관되었다는 결과를 얻으려면 서로 직교하는 기저를 사용할 수도 있다. 이 경우에 밥이 앨리스와 같은 키를 가지려면 결과로 나오는 모든 비트를 전환하기만 하면 된다.

포켈 셀(Pockels cells)들로만 이루어지게 되었다. 포켈 셀들은 빛의 편광을 전압에 따라 바꿀 수 있는 장치이다. 앨리스와 밥이 둘 다 이러한 포켈 셀의 장치를 가지고 있다면 광자를 보내고 측정할 때 기저를 선택할 수 있다(**그림 6.6**).

BB84 프로토콜은 단일 광자를 사용하게 되어 있으나 실제로 단일 광자의 사용은 1980년대에는 만드는 것이 불가능하였다(오늘날에도 아직 만들기 어려운 상황이다). 그래서 베네트와 스몰린은 필요한 단일광자를 만들어내기 위해서 간단한 방법을 생각해냈다. 즉, 광학필터를 사용하여 LED 빛을 아주 약하게 만든다. 어떤 세기 이하에서 빛은 '알갱이(granular)'가 되는 중요한 특성을 이용하여 두세 개 정도의 광자만 포함된 펄스를 만드는 것이 가능하다. 실제로 이렇게 나오는 펄스에는 평균적으로 광자 한 개의 십분의

(a)

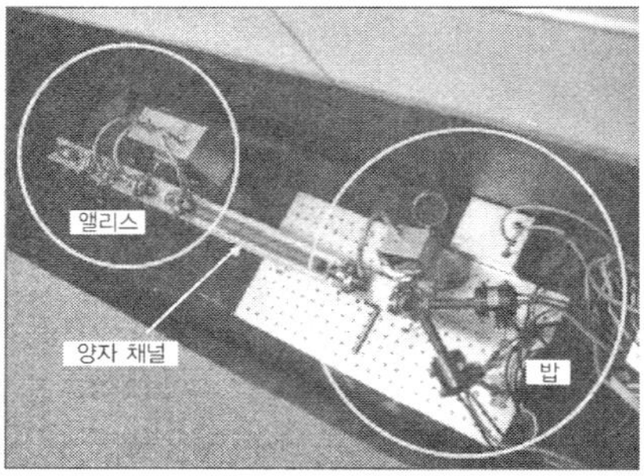

(b)

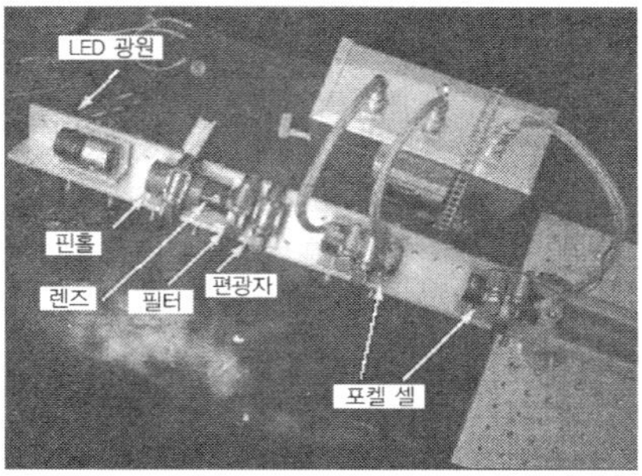

(c)

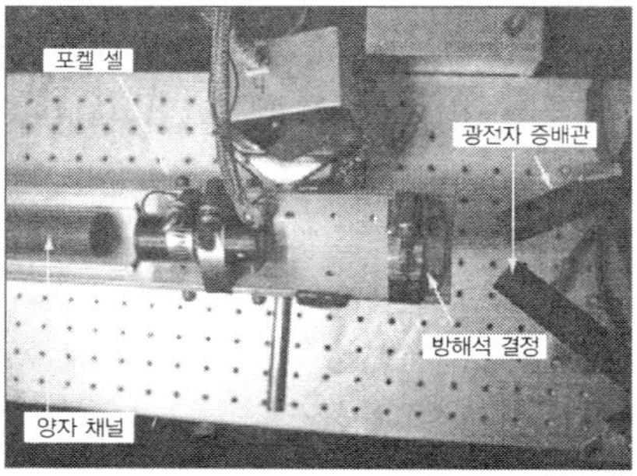

[그림 6.6] 최초의 양자암호 실험 장치. 그림에 나타난 (a) 양자 채널은 실제로 30 cm 길이이다. [출처 : J. Smolin 저, IBM J. Res. Dev. Vol. 48 Nr. 1, p. 47–52(2004), IBM 사로부터 인쇄허가를 받음]

21) J. A. Smolin(2004).

일이 포함된다 — 달리 표현하면 매 10번째 펄스마다 한 개의 광자로 볼 수 있다.

이와 같이 적은 수의 광자로 실험하면서 다른 어떤 빛도 실험기구에 들어가지 않도록 해야 한다. 이렇게 하려면 광학소자들과 LED들의 모든 윗면에 검은색의 구두상자 형태의 뚜껑을 씌워 놓아야 한다. 나머지 양자키 변환은 BB84 프로토콜의 방법대로 진행시키면 된다. 앨리스는 광자를 만들고(정해진 시간 안에 적어도 몇 개 정도) 포켈 셀에 전압을 걸어서 광자의 기저를 선택한다. 밥의 경우도 특정기저를 선택하고(포켈 셀에 전압을 걸어 준다) 자신의 광검출기를 사용하여 신호를 기록해두어야 한다.

초창기 양자암호 통신기계는 실용성이 없었다. 예를 들면 비밀키를 보내는 거리가 겨우 30 cm 정도에 지나지 않았다(구두 박스의 크기와 맞추어야만 했다). 양자키 교환을 기념하는 논문에서 질 브라사드(Giles Brassrd, BB84 명칭의 두 번째의 명명자)는 "귀머거리가 된 도청자에 대해서만 완벽한" 보안이라는 표현을 쓸 정도였다. 포켈 셀에 가해진 전원은 상당한 잡음을 만들고 이러한 잡음은 전압에 따라 반응한다. 그래서 전환되는 윙윙거리는 소리를 듣고 이브는 광자에 대해 앨리스가 어떤 기저를 사용할 것인지 금방 알게 되며 쉽게 키를 가로챌 수 있다.

그러나 이 실험은 상용화 목적이 아니고 원리적으로 양자키 변환이 작동됨을 증명하는 실험이었기 때문에 사기를 진작하는 면에서 중대한 의미를 갖는다. 물리학자들은 지금 BB84 프로토콜을 잘 활용하고 있으며 많은 연구자들이 양자암호 장치를 만들기 시작했다. 1995년까지 23 km에 거리에 걸쳐 광섬유를 사용한 양자키 변환이 이미 시험된 바 있고 오늘날 광섬유 양자암호 통신은 표준 통신용 광섬유들을 사용하여 101 km 이상 가능하다 (**그림 6.7**).

광섬유를 대체할 수 있는 다른 대안으로는 자유 공간의 양자키 교환이 있다. 이 방법은 광섬유에서의 편광상태가 잡음이 있더라도 공기 중에 전파되는 경우에서는 잡음이 없다는 것을 이용하였다. 이 방법은 광섬유로 연결될 수 없는 위치 사이에서 키 교환을 가능하게 만든다. 따라서 지구 위의 정거장과 인공위성 사이에서도 범우주적인 양자암호 연결을 만들 수 있다. 2007년에는 최소한 원리적으로나마 거리가 144 km 떨어진 라팔로마 섬과 테네뤼페(Tenerife) 섬 사이에서 양자키 교환이 가능하다는 것이 증명되었다.

양자암호 통신이 앞으로 10년 또는 그 이내에 은행이나 회사들의 통신 표준기술이 되고 심지어 일반인도 사용하게 될 것이라는 것은 결코 과학 공상 이야기가 아니다. 실생활에서 다른 양자역학의 응용기술이 실제화되고, 현존하는 구식 암호 코드를 순식간에 깨버릴 수 있는 응용들이 발전하면서 양자통신 기술의 확대는 필수가 되고 있다. 7장에서는 이 기술에 대해 살펴보기로 한다.

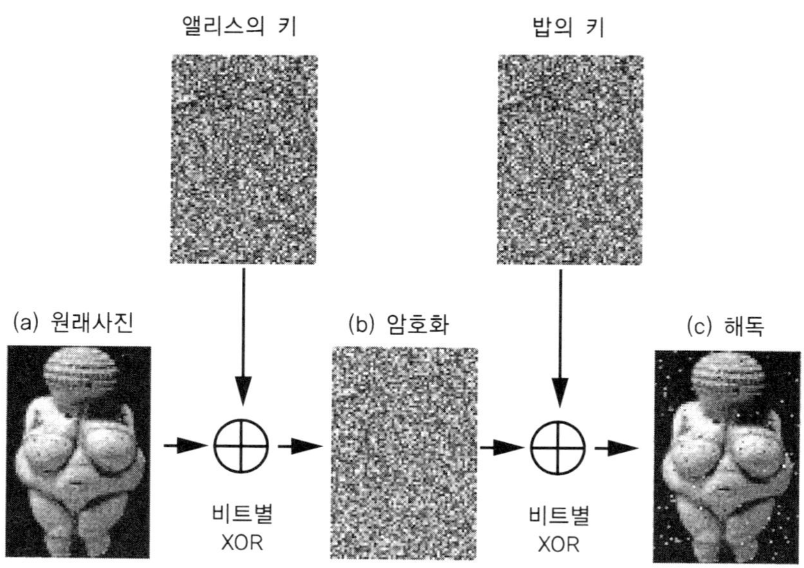

[그림 6.7] 에케르트 프로토콜을 이용한 양자키 변환. 통신 메시지는 유명한 뮐렌도르프의 비너스상 사진이다(이 상은 B.C. 20년 근방에 T. Jennewein 등에 의해 조각되었다). 출처 : Phys. Rev. Lett. Vol. 84, p. 4729(2000). 저자로부터 인쇄허가를 받음.

07장

중첩의 논리

양자계산이란?

2001년 크리스마스 무렵 신문은 온통 양자컴퓨터에 대한 기사로 채워졌는데 캘리포니아의 알마덴(Almaden)의 IBM 실험실에서 처음으로 혁명적인 컴퓨터의 위력을 시험했다는 내용이었다. 뉴욕타임지는 "컴퓨터를 변화시키려는 노력이 드디어 새로운 이정표를 만들어내다"라고 대서특필하였고, 1월 초에 르몽드지도 "양자컴퓨터가 처음 계산을 하다"라는 기사를 실었다. 이에 반해 스위스신문에 나온 표제는 좀 평범한 투로 표제를 "15 = 3 × 5"라고 실었으며 컴퓨터가 수행한 내용을 단순하게 알렸다. 이 표제는 사람의 이목을 끌지는 못했지만 역사상 보기 드문 수학방정식 형태의 신문 표제어였다. 그렇지만 일어난 사건에 대해서는 정확하게 포착하여 기술하였다. 백파운드의 무게가 나가는 새로운 형태의 계산장치는 넓은 방을 점유한 채 처음으로 양자물리의 법칙에 따라 계산을 수행했다고 알렸다.

매우 놀라운 일이다. 어떻게 양자물리의 법칙에 따라 계산할 수 있는가? 여러분이 생각하는 계산이란(그리고 학교에서 줄곧 배워온 그런 계산) 실제로 하나의 추상적 과정이라고 할 수 있다. 우리는 주판을 쓰거나 수를 시각적으로 확인하기 위해 손가락을 이용하기도 한다. 그러나 수는 추상적이기 때문에 계산한다는 것은 간단한 규칙에 의해 추상적 대상을 다룬다는 의미이기도 하다. 컴퓨터도 이와 같은 과정으로 계산을 수행한다. 컴퓨터도 같은 방법으로 수를 다루며 단지 수를 물리적으로 나타내기 위해 손가락이나 주판알 대신 전류나 전하를 이용한다는 것이다. 단순히 기술적으로 세부적인 면에서만 사람과 기계가 차이가 날 뿐이다. 그렇지 않은가? 확실히 컴퓨터가 만들어진 후 오랫동안 사람들은 컴퓨터를 추상적이라고 생각하고 있었다. 그 생각이 틀렸다는 것이 판명되었음에도 말이다.

그런 생각이 왜 틀렸는지를 증명하려면 여러분의 손을 데스크톱 컴퓨터나 노트북 컴퓨터의 냉각팬(fan) 옆에 손을 대보는 것만으로도 충분할 것이다. 어떤 느낌이 드는가? 그렇다. 뜨겁다. 여러분은 열을 뿜어내는 추상물체를 기대했는가? 물론 아닐 것이다. 컴퓨터는 추상적이 아니고 매우 실제적이며 물리적인 물체이다. 이것은 간과할 수 없는 매우 중요한 사실이다. 지금부터 잠시 동안 컴퓨터에 대해서 알아보기로 하겠다. 어떻게 컴퓨터가 만들어졌는지 그리고 어떻게 작동되는지에 대해서 간단하게 살펴보기로 하자.

7.1 논리게이트

현대의 컴퓨터들은 복잡한 일들을 처리하지만 그 핵심되는 구성요소는 간단하다. 실제로 컴퓨터는 몇 개의 논리게이트로 이루어져 있다. 결국 컴퓨터가 하는 작업은 사용자로부터 입력을 받고(더해질 두 숫자와 같은 입력) 그 다음 입력을 처리하고, 출력(이 경우에는 두 수의 합)을 내놓게 된다. 입력과 출력은 이진법으로 나타내고 양자암호 통신에서와 같이 "0"과 "1"만을 다루게 된다. 실제로 이제부터 암호코드를 다루어보기로 하자.

이진법으로 표기된 메시지를 1회용 암호표로 암호화하려면 메시지와 키의 각각의 자리 쌍에 덧셈 모듈러 2를 수행한다는 것을 앞에서 다루었다. 이 숫자 쌍들에 대해 XOR의 논리함수를 적용해도 마찬가지이다. XOR 외에도 NOT, OR, AND, NAND와 같은 다른 함수들이 있으며 이 함수들도 한 개나 두 비트들에 작용되고 출력은 한 비트로 되돌려 나온다. 이 함수들의 입력과 출력의 가능한 조합들은 진리표(truth table)로 요약된다. 더 복잡한 합성게이트도 만들 수 있는데 예를 들어 두 개의 비트에 AND가 작용되고 이 결과에 다른 논리게이트가 연속해서 작용되어 만들어진다. 이러한 방법으로 많은 입력들이 단계별로 처리되어 출력되는 연속적 논리게이트들을 논리회로(logic circuit)라고 부른다.

그러면 1회용 암호표를 통해 암호화하는 과정으로 다시 돌아가 보자. 이 논리회로는 간단하다. 만일 메시지 m 의 비트들을 m_1, m_2 키의 비트들을 k, 암호 메시지의 비트들을 e 라고 각각 표시한다면 암호화 논리회로는 그림 7.1과 같이 나타낼 수 있다. 메시지, 키, 그리고 암호 메시지의 비트들은 각각 레지스터(register)에 저장된다. 만일 계산을 종이에 한다면 이 레지스터는 단순히 종이 위의 사각형에서 열(row)에 해당되고 전자컴퓨터라면 트랜지스터에 해당된다. 계산은 다음과 같이 진행된다. 처음에 각각의 레지스터에 메시지와 키를 입력하고 다음에 각 비트쌍에 XOR 연산을 시킨다.

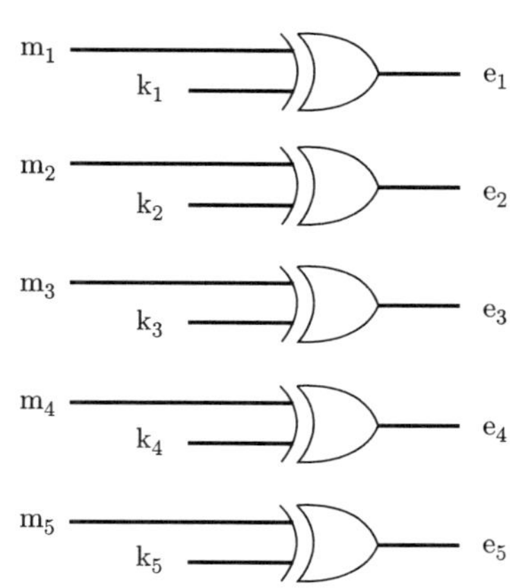

[그림 7.1] 1회용 암호표를 통해 암호화하는 간단한 논리회로. 메시지 비트들 m 과 키 비트들 k 가 XOR 게이트를 통해 보내지면 암호화된 메시지인 e 비트들이 나오게 된다.

그러면 마지막에 각각의 연산결과가 출력 레지스터에 저장된다.

각 비트쌍에 단일 논리연산을 하는 경우는 다소 지루할 수도 있으니 두 개 이진수의 덧셈과 같은 정도의 예를 들어보자. 두 개의 단일비트 이진수를 더하는 것은 다음과 같은 결과가 될 수 있다.

$$0+0=0$$
$$0+1=1$$
$$1+0=1$$
$$1+1=10$$

마지막 조합에서 한자리 수가 올라가게 되는데 이것은 이미 십진법에서 익숙해 있을 것이다. 그러면 위의 결과는 어떤 논리회로의 결과와 같을까? 표를 통해 4개의 가능한 조합을 찾아본다면 쉽게 찾을 수 있다. 논리연산의 출력으로 자리올림을 시키려면 "1" 대신에 앞에 0을 둔 "01"로 표기한다. 따라서 "1"+"1"="10"을 제외한 모든 경우에서 출력의 앞자리에 "0"이 포함되어야 할 것이다.

이제 두 비트의 입력과 출력을 갖게 되었으므로 두 개의 논리게이트가 필요하다. 입력과 출력의 진리표를 통해 자리올림(carry)에 대한 출력은 AND 함수인 것을 알 수 있다. 즉 입력 2개가 다 "1"이면 "1"이 출력이 되고 그 외의 경우는 0이 된다. 한편 sum의 경우는 두 입력 중의 하나가 "1"이기만 하면 출력은 "1"이 된다. 그러므로 우리가 찾는 논리게이트는 바로 XOR이며 이러한 지식을 토대로 그림 7.2에 나오는 바와 같은 덧셈의 논리회로를

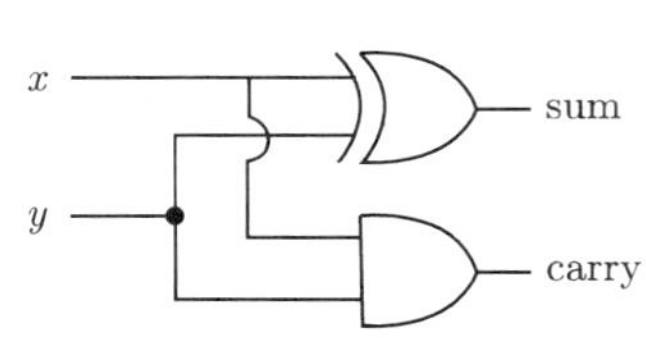

[그림 7.2] XOR과 AND 게이트로 이루어진 (절반)가산기의 논리회로. 완전한 가산기(加算機)의 회로를 구성하려면 이와 같은 절반의 가산기들이 서로 연결되어야 한다.

구성할 수 있다.

이미 언급한 바와 같이 이 가산기회로는 한 자리의 이진수만 더할 수 있다. 만일 우리가 두 개 이상의 비트 또는 한 자리 이상의 수까지 더하는 일반적 회로를 구성하고자 한다면 두 번째 비트를 더할 때 첫 번째 덧셈으로부터의 자리올림을 해야 한다. 이것은 위의 절반 가산기회로를 두 개 연결하면 된다.

7.2 기본 개념

6장에서 양자암호 통신의 프로토콜을 만들 때 메시지를 전달하기 위해 양자상태(이 경우에는 광자들의 편광상태)를 사용한다면 모든 것이 확연히 달라진다는 것을 배웠다. 앨리스와 밥이 선택한 편광기저가 무엇이냐에 따라 밥이 측정한 광자들은 $|0>$ 또는 $|1>$의 상태이든지 아니면 중첩상태인 $\frac{1}{\sqrt{2}}(|0>+|1>)$가 된다. 밥이 선택하는 측정기저에 대해 앨리스의 광자가 중첩상태에 있을 때에는 밥의 측정결과는 마구잡이 상태가 된다.

이제부터 보안 통신을 위해 사용되는 양자중첩(quantum superposition)이 컴퓨터에서는 어떻게 처리되는지 알아보자. 만일 논리회로에서 “0”과 “1”을 사용하는 대신에 중첩상태를 입력하면 그 결과는 어떻게 될까? 예로서 한 자리를 갖는 이진수 두 개의 덧셈을 할 때 세 가지 다른 결과를 주는 4개의 조합은 여전히 존재한다. 양자상태를 사용하는 경우의 다른 점은 단지 “0”, “1” 대신에 $|0>$, $|1>$를 사용한다는 것뿐이다.

그러나 두 수를 더하는 가산회로에서 두 상태를 입력할 때 $|0>$과 $|1>$ 또는 $|1>$과 $|1>$을 사용하는 대신에 중첩상태인 $\frac{1}{\sqrt{2}}(|0>+|1>)$을 사용한다고 하자. 이 두 수의 합은 무엇일까? 그 질문에 대한 답은 쉽지 않다 왜냐하면 두 개의 입력에서 “0”과 “1”이 포함되기 때문이다. 그러므로 가산회로는 입력할 때 $|0>$부분과 $|1>$부분을 동시에 함께 처리해야 한다.

때때로 회로가 “0”+“0”, “0”+“1”, “1”+“0”, “1”+“1”과 같이 입력의 조합 모두를 동시적으로 처리해야 하며 출력도 모든 가능한 합이 포함되어야 한다.

이것이 과연 가능할까 의심스러울지도 모른다. 아직은 어떤 증명도 할 수 없고 실제로 동시적 처리가 어려울 수도 있다. 그러나 이러한 기본적인 개념은 틀린 것이 아니다. 분명히 양자상태와 양자 중첩을 입력하고 이러한 중첩을 “0”과 “1”의 조합으로 병렬로 처리하는 논리회로를 고안할 수 있는 것이다. 이 컴퓨터에서는 출력되는 양자상태들도 중첩상태가 될 것이다. 따라서 결과를 얻으려면 양자상태를 측정해야만 하는데 결과는 마구잡이가 될 것이다. 그렇다면 양자중첩도 쓸모없는 것 같아 보인다.

7.3 가역성

양자중첩이 쓸모없다는 것은 너무 빠른 속단이다. 한 단계씩 논의해보면 양자중첩은 필요하며 양자중첩을 이용한 계산은 믿기 어려울 만큼 강력하다고 할 수 있다. 그렇다면 우선 논리게이트에 대한 생각을 다른 것으로 대체시켜 보자. 그 이유는 바로 논리게이트가 양자상태와 공존하기 어렵기 때문이다.

AND, OR 그리고 XOR 등의 게이트들이 양자상태와 공존되기 어려운 이유는 바로 비가역적(irreversible)이기 때문이다. 쉽게 비유하자면 게이트들은 일방통행되는 거리와 같다고 할 수 있다. 비가역적인 이유는 게이트의 입력은 2개이고 출력은 1개라는 점이다. 그래서 “0”과 “1”의 가능한 4개의 조합의 입력들은 결국 2개의 출력으로 나오게 된다. 예를 들어 AND 연산의 결과가 “1”이라면 입력은 “1”+“1”이고 만일 결과가 “0”이라면 입력은 3개의 가능한 조합인 “0”+“0”, “0”+“1”, “1”+“0”이다. 만일 출력값을 통해 입력값을 구하려고 한다면 AND 게이트는 입력 정보를 잃어버린다. 그러나 양자역학은 계에 대해 어떤 측정을 하지 않는 한 정보를 잃지 않는다. 그러므로 양자상태를 갖는 논리회로를 만들고자 한다면 논리게이트는 반드시 가역적(reversible)이어야 하는 것이다.

실제로 가역적 논리게이트는 양자컴퓨터가 고안되기 이전부터 이미 논란이 많았던 문제이기도 하다. 발상은 간단하지만 좀 억지스럽기도 하다. 이미 7장을 시작할 무렵에 암시했듯이 만일 논리연산 수행 중에 정보가 없어졌다면 논리게이트를 실현하고 있는 물리적 계는 반드시 열이 발산된다. 비록 그 양이 아주 소량일지라도 현재의 컴퓨터는 초당 십억 번의 논리연산을 수행하므로 열효과가 느껴질 정도로 발생할 것이다.

정보의 손실과 열효과를 피하려면 통상의 게이트는 가역적이어야 한다. 가역적인 논리게이트를 만들려면 입력과 출력의 수가 같아야 한다. 따라서 단일입력의 경우에는 단일출력의 NOT 게이트가 적합하다고 할 수 있다. 두 개의 입력이면 두 개의 출력이 되어야 하므로 이러한 게이트의 예로는 XOR 게이트가 있다. 다시 말하면 제어된 NOT 또는 CNOT 게이트들은 양자컴퓨터에서 특히 중요하다고 할 수 있다. 란다우(Landauer)는 고전적 계산에서 가장 유용한 게이트는 3개의 입력과 출력을 갖는 가역게이트임을 발견했다. 이런 게이트 중의 두 예는 프레드킨 게이트(Fredkin gate)와 토폴리 게이트(Toffoli gate)가 보편적으로 알려져 있다. 논리회로에서 이러한 게이트들을 사용하는 것은 계산을 잘 처리하게 만드는 필수요소라 할 수 있다. 한편 비가역적 계산에서 보편적이면서도 간단한 게이트는 NAND 게이트(NOT 게이트가 뒤에 이어지는 AND 게이트)이다.

7.4 CNOT 게이트

제어된 NOT 게이트로 되돌아가보자. 명칭을 통해서 알 수 있듯이 NOT 게이트의 일종이며 연산이 이루어지는 동안 변하지 않는 입력값에 의해 제어된다. 만일 제어된 입력값이 "1"이라면 표적 입력값은 "0"부터 "1"까지 또는 "1"부터 "0"이 되며 그 외의 값에서는 아무 변화가 없다. 제어된 비트를 x, 표적비트를 y 라고 하면 CNOT 게이트는 다음과 같이 정의될 수 있다. 제어되는 비트 x 는 그 값을 유지하는 반면 표적비트의 값은 $x \oplus y$, 즉 제어비트와 표적비트의 덧셈 모듈러 연산 2로 나타난다.

이 게이트는 각각의 입력쌍에 대해 정확히 같은 출력쌍이 대응된다. 따라서 출력을 알면 입력치도 알 수 있으므로 가역적이라는 것을 보이기 쉽다. 이 게이트가 가역적이면 양자상태에서 사용될 수 있다. 만일 제어입력에서의 양자상태가 $|1>$이면 두 번째 입력의 상태는 반대로 되며(NOT 게이트가 적용된다고 하자) 반면에 제어입력이 $|0>$이면 아무 것도 일어나지 않는다.

가산기에서와 같은 방법으로 CNOT 게이트를 사용하여 양자 논리회로를 만들어보자. 단, 여기서는 비트들이 양자상태 $|0>$과 $|1>$이라는 것을 제외하고는 고전적 "0"과 "1"의 논리를 갖는 가산기회로와 같다. 양자암호와 같이 양자상태들은 광자들의 수평 및 수직상태가 될 것이다. 광자들로 계산한 출력은 전류로 "0"과 "1"을 나타낸 고전컴퓨터의 결과와 정확히 같을 것이다. 이 분야는 크게 흥미를 일으키지는 않지만 잘된다면 바로 마술과 같은 효과가 나타날 수도 있다.

6장에서 키교환을 향상시키려면 밥이 광자를 측정할 때 앨리스가 중첩상태에 있는 어떤 기저상태를 사용하도록 하였다. 이런 작업을 CNOT 논리게이트에도 적용해보자. $|1>$을 제어입력에 넣고(표적입력에 아무런 효과가 나오지 않는 $|0>$은 좀 지루하다) 다음에 중첩상태 $\frac{1}{\sqrt{2}}(|0>+|1>)$을 사용해보자. 항상 기억해야 할 사항은 얽힘과 복제 불가의 원리이다. 여기서는 양자상태가 두 개이므로 복합(곱)상태로 다루어야 한다. 복합상태 $|0>|1>$은 나란히 쓰는 대신 간단히 $|01>$로 쓰기로 하자. 이때 첫 번째는 제어상태이고 두 번째가 표적상태이다. CNOT 게이트의 작용을 요약하면 다음과 같다.

$$
\begin{aligned}
&|00> \rightarrow |00> \\
&|01> \rightarrow |01> \\
&|10> \rightarrow |11> \\
&|11> \rightarrow |10>
\end{aligned}
$$

다음으로 중첩상태를 제어입력으로서 사용하자. 표적상태는 $|0>$이므로 제어와 표적입력의 복합상태는

$$\frac{1}{\sqrt{2}}(|0>+|1>)|0>$$

인데, 이것을 다시

$$\frac{1}{\sqrt{2}}(|00>+|10>)$$

로 쓸 수 있다. 즉 입력상태는 $\frac{1}{\sqrt{2}}|00>$와 $\frac{1}{\sqrt{2}}|10>$의 중첩이라는 의미가 된다. 여기까지는 아직 특별한 점이 없지만 이제부터 주의깊게 살펴볼 필요가 있다.

이제 CNOT 게이트에 위의 중첩상태를 입력해보자. 양자상태들은 중첩이 가능하므로 CNOT의 출력도 두 개의 입력상태의 중첩이 될 것이다.[22)]

그러므로 CNOT 진리표로부터 복합의 입력상태들인 $\frac{1}{\sqrt{2}}|00>$와$\frac{1}{\sqrt{2}}|10>$은 $\frac{1}{\sqrt{2}}|00>$와 $\frac{1}{\sqrt{2}}|11>$로 출력된다. 즉

$$|00> \rightarrow |00> \text{와 } |10> \rightarrow |11>$$

이 되므로 CNOT 게이트의 복합 출력상태는

$$\frac{1}{\sqrt{2}}|00>+\frac{1}{\sqrt{2}}|11>$$

---

22) 이 원리는 2+4와 3의 곱은 2*3과 4*3을 수행하고 더해도 같다는 분배법칙과 유사하다. 여기서 "게이트"에 3이 곱해졌다고 하면 양자 게이트는 분배법칙을 만족하며, 이 결과는 양자역학의 중첩의 원리에 의한 효과라 할 수 있다.

이거나, 괄호 안에 합을 전개해서

$$\frac{1}{\sqrt{2}}(|00>+|11>)$$

을 얻게 된다.

이 양자상태를 자세히 보면 단순히 2개의 단일입자 양자상태들의 곱으로 나타낼 수가 없다는 것을 알 수 있다. 복합 입력상태 $\frac{1}{\sqrt{2}}(|00>+|10>)$는 두 개의 단일입자 상태의 곱의 형태인 $\frac{1}{\sqrt{2}}(|0>+|1>)|0>$과 같았지만, CNOT의 출력상태는 분리되지 않는다. 즉 출력상태는 얽힘상태라는 것을 알 수 있다. CNOT 게이트는 중첩상태와 $|0>$의 상태에서 얽힘상태로 변화되었다. 얽힘상태들은 매우 특이한 특성을 가진다. 예를 들어 두 개의 양자비트 중의 하나를 측정하면 동시적으로 다른 입자의 양자상태가 결정된다. 그렇지만 측정 전에는 어떤 양자비트에 대해서도 정확한 상태를 알 수 없다.

CNOT 게이트에 만들어진 얽힘상태는 6장의 끝에서 흥미로운 점을 살펴본 바가 있었다. 한편, 양자상태의 복제가 불가능함을 여러 번 강조해왔는데 CNOT의 출력상태를 보면 이 원리가 깨어지는 것이 아닌가 하고 의아하게 생각할지도 모른다. CNOT 게이트는 제어입력으로 입력한 중첩상태인 $|0>$과 $|1>$상태의 2배로 되었다. 그러나 두 상태는 복제된 것은 아니다. CNOT에 '미지'인 중첩상태를 제어입력(0과 1이 아닌 그 사이의 어떤 값)으로 하면 단순하게 출력이 얽힘상태로 유도된 것뿐이다. 일상생활에도 그렇듯이 불분명한 명령들은 혼란을 초래한다. 실제로 얽힘상태는 어떤 측정이 이루어지든 항상 마구잡이 결과를 얻게 된다. 위의 결과에서 순간적으로 복제 불가의 원리에 반하여 빈 공간상태 0에 제어입력의 0과 1을 복제한 것으로 착각했을지도 모른다. 그러나 '복제' 상태들은 얽힘상태 내부에서 완전히 폐쇄되므로 실제로 접근하여 그 존재 여부를 알 수 없다.

7.5 새로운 것을 찾아서

CNOT 게이트는 어디에 적용할 수 있을까? 예를 들어 표적입력에 다음의 중첩상태를 입력해보자.

$$\frac{1}{\sqrt{2}}(|0> - |1>).$$

이것은 제어입력 때 선택한 $\frac{1}{\sqrt{2}}(|0>+|1>)$와 $|1>$ 앞의 부호만 다를 뿐이며 비슷하다. 다시 말하자면 제어와 표적입력에서 $|1>$의 위상은 서로 반대이다. 양자상태들은 상대적 위상에 따라 값이 달라지므로 이 마이너스 부호는 중요한 의미를 갖는다.

입력하고자 하는 두 중첩상태를 통상적으로 $|0>$의 기저에서 $+45°$ 나 $-45°$ 로 회전된 것으로 생각하면 쉽게 머리에 떠오른다. 양자암호에서는 광자들을 편광판을 이용하여 다루기 때문이다. 양자 논리회로에서는 $|0>$ 과 $|1>$의 기저를 다음과 같은 중첩상태로 변환시키는 것을 하다마드 게이트(Hadamard gate)라 한다(**그림 7.3**).

$$|0> \rightarrow \frac{1}{\sqrt{2}}(|0>+|1>)$$

$$|1> \rightarrow \frac{1}{\sqrt{2}}(|0>-|1>).$$

한편 CNOT 게이트로 되돌아가서 두 개의 중첩상태의 입력상태들을 곱하여 전개하면

$$\frac{1}{\sqrt{2}}(|0>+|1>) * \frac{1}{\sqrt{2}}(|0>-|1>)$$

이 되고, 정리하면

$$\frac{1}{2}(|00>-|01>+|10>-|11>)$$

을 얻게 되는데 여기서 양과 음의 부호를 정확히 할 필요가 있다.

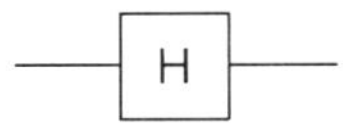

하다마드 게이트

$$|0>\rightarrow 1/\sqrt{2}(|0>+|1>)$$
$$|1>\rightarrow 1/\sqrt{2}(|0>-|1>)$$

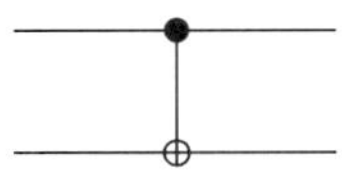

CNOT 게이트

$$|00>\rightarrow|00>$$
$$|01>\rightarrow|01>$$
$$|10>\rightarrow|11>$$
$$|11>\rightarrow|10>$$

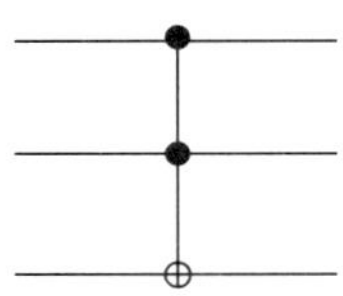

토폴리 게이트

$$|000>\rightarrow|000>$$
$$|001>\rightarrow|001>$$
$$|010>\rightarrow|010>$$
$$|011>\rightarrow|011>$$
$$|100>\rightarrow|100>$$
$$|101>\rightarrow|101>$$
$$|110>\rightarrow|111>$$
$$|111>\rightarrow|110>$$

[그림 7.3] 양자 논리게이트

그리고 CNOT 게이트를 적용하고 이 상태를 전개해보자. CNOT의 진리표로부터 각각의 상태에 대응하는 결과는(과정 중에 변하는 표적입력은 밑줄을 그어 표시하였다)

$$|00>\rightarrow|00>$$
$$|01>\rightarrow|01>$$
$$|10>\rightarrow|1\underline{1}>$$
$$|11>\rightarrow|1\underline{0}>$$

이므로, 최종상태를 정리하면

$$\frac{1}{2}(|00>-|01>+|1\underline{1}>-|1\underline{0}>)$$

가 된다. 얼핏 보기에는 복잡해 보이지만 이 상태는 얽힘상태가 아니므로 다음과 같이 두 상태의 곱으로 쓸 수 있다.

$$\frac{1}{2}(|0>-|1>)*(|0>-|1>).$$

이것은 좀 놀라운 결과이다. 제어입력에 중첩상태를 그리고 단순 기저상태를 표적으로 입력하면 얽힘상태의 결과가 나오는데, 표적입력에 중첩상태를 사용하면 오히려 간단한 출력상태를 얻게 되는 것이다. 이 경우 두 개의 출력은 중첩상태들의 곱으로 완벽히 분리된다. 기저상태 $|0>$과 $|1>$를 사용하여 중첩상태를 측정한다면 마구잡이의 결과를 얻게 되지만, $\pm45°$의 기저로 측정하면 출력에 얽힘상태가 없으므로 정확한 결과를 얻을 수가 있다. 앨리스와 밥이 통신할 경우에 만일 밥이 앨리스로부터 올바른 기저상태를 받게 되면 밥도 역시 정확한 결과를 얻게 된다고 할 수 있다. 여기서 측정에 사용할 기저상태를 선택하는 것이 중요하다. 예를 들어 제어상태의 출력이 $|0>-|1>$일 때, 이 기저상태로 측정하면 항상 결과는 1이 된다. 그러므로 하다마드 게이트를 사용하여 측정 전에 $-45°$로 회전한다면 그 상태는

$$\frac{1}{2}|1>(|0>-|1>)$$

이 되며, 이 상태를 $|0>-|1>$의 기저상태에서 측정하면 마찬가지로 항상 1이 된다.

양자계산이 금방 이루어지기는 어려울지라도 간단한 양자계산을 위한 큰 걸음을 내디뎠다고 할 수 있다. 이제부터는 여러 계산과정을 거쳐 병렬처리할 수 있는 CNOT 게이트에 입력할 중첩상태에 대해 알아보자.

7.6 마술 같은 테스트

다음과 같은 일이 일어났다고 상상해보자. 양자컴퓨터에서 CNOT 게이

트의 하나가 깨져 버렸다면 여러분은 다른 것으로 대체해야 할 필요가 있을 것이다. 여러분은 가장 가까운 컴퓨터 가게에 가서 새로운 CNOT 게이트를 사려고 한다. 그런데 그 가게 점원은 당신에게 약간 겸연쩍은 얼굴로 “이 가게에 CNOT 게이트가 단 하나가 남아 있습니다. 그런데 그게 좀 문제가 있네요. 제가 그것을 오류게이트 보관상자들에 넣어두었는데 지금 어떤 것인지 모르겠습니다.”고 말한다. 그리고 그 점원은 제어입력이 끊겨 입력이 무엇이든지 출력에 영향을 주지 않는 오류게이트와 어떤 입력이든지 항상 출력을 변하게 하는 ‘제멋대로의’ 오류게이트들이 들어 있다고 알려주었다. 그러나 불행하게도 그 점원은 잘 작동되는 CNOT 게이트가 어떤 종류의 오류게이트와 같이 보관되어 있는지 모르고 있다. 그는 게이트를 시험해보려 해도 그 기계가 좀 오래되어서 만일 같은 게이트 상에서 한 번 이상 사용된다면 그 게이트에 손상을 줄 수도 있다고 한다. 그렇다면 가게 점원은 단 한 번의 실험을 통해 원하는 CNOT 게이트를 찾을 수 있을까?

이 문제를 좀 더 잘 해결하려면 두 오류게이트에 대한 진리표를 가지고 시작할 필요가 있다. 어떤 작동도 하지 않는 끊어진 게이트들에 대해서의 진리표는

$$|00\rangle \rightarrow |00\rangle$$
$$|01\rangle \rightarrow |01\rangle$$
$$|10\rangle \rightarrow |10\rangle$$
$$|11\rangle \rightarrow |11\rangle$$

인 반면에, 제멋대로 작동하는 CNOT 게이트의 경우 진리표는 다음과 같다.

$$|00\rangle \rightarrow |0\underline{1}\rangle$$
$$|01\rangle \rightarrow |0\underline{0}\rangle$$
$$|10\rangle \rightarrow |1\underline{1}\rangle$$
$$|11\rangle \rightarrow |1\underline{0}\rangle$$

정상적인 CNOT 게이트를 다른 오류게이트들 가운데에서 어떻게 가려낼

수 있을까? 입력 $|0>$ 상태에 제어 $|0>$을 작동시키는 경우를 생각하자. 이럴 경우에는 상태를 바꾸어 출력시키는 오류게이트를 쉽게 찾을 수 있다. 그러나 정상게이트와 작동을 전혀 하지 않는 게이트 간의 구별은 불가능하다. 그러면 이번에는 입력 $|1>$ 상태에 제어 $|1>$을 작용시켜 보자. 이 경우, 제대로 작동하지 않는 게이트는 제어기가 $|1>$이 아니고 $|0>$인 상태이므로 상대적으로 쉽게 알아낼 수 있지만, 여기에서도 정상적인 게이트와 오류게이트는 비슷하게 동작하여 구별하기가 힘들다.

나머지에서도 비슷한 실험을 하면 된다. 어떤 경우에도 각 게이트를 한 번만 테스트하여 정상적으로 작동하는 CNOT 게이트를 찾아내는 것은 불가능하다. 그러나 양자역학은 해결의 실마리를 제공할 수 있다. 두 개의 다른 중첩상태를 CNOT 게이트에 입력하면 얽힘이 없는 출력을 얻고, 정확한 기저상태로 측정하면 명확한 답을 낼 수가 있다. 운이 좋다면 두 종류의 고장난 게이트들에 대해서도 같은 결과를 얻을 수 있다.

앞에서 사용한 중첩상태들을 이용하여 항상 입력을 제멋대로 바꾸는 오류게이트들을 시험하면 어떻게 되는지 한번 살펴보자. 두 입력의 초기상태가 다음과 같다고 하자.

$$\frac{1}{2}(|00>-|01>+|10>-|11>).$$

이 상태를 오류 CNOT 게이트를 통하여 보내보자.

$$|00> \rightarrow |0\underline{1}>$$
$$|01> \rightarrow |0\underline{0}>$$
$$|10> \rightarrow |1\underline{1}>$$
$$|11> \rightarrow |1\underline{0}>$$

출력 큐비트의 밑줄친 상태를 보면 이 게이트가 제어상태와는 무관하게 표적상태를 바꾸었다는 것을 알 수 있다. 이 마지막 상태는 얽힘상태가 아니고 두 개의 중첩상태들의 곱으로서 표현할 수 있다.

$$-\frac{1}{2}(|0>+|1>)*(|0>-|1>).$$

이 상태는 정상적인 CNOT 게이트와 매우 유사하지만 매우 중요한 차이점이 있다. 제어 출력의 중첩상태는 $|1>$ 앞에 다른 부호를 갖는다. 따라서 만일 이 출력을 위의 CNOT 게이트에 사용한 것과 같은 기저상태로 측정한다면 "1"보다는 "0"의 결과로 나올 것이다. 이 결과는 이미 명백한 것으로 보이지만 사실은 그 이상의 의미를 갖는다. 이 종류와 다른 오류게이트 — 작동하지 않는 게이트 — 의 출력은 '제멋대로 작동하는' 게이트의 출력과 정확히 같다고 생각할 수 있다. 따라서 만일 서랍에 있는 각 게이트들을 중첩상태로 입력하여 한 번씩 테스트한다면 45° 기저상태로 출력을 측정할 때 '정상적인' 게이트를 가려낼 수 있음을 의미한다. 그러나 $|0>$ 과 $|1>$ 상태의 입력을 사용하거나 고전적인 게이트로 다룬다면 정상적인 게이트를 결코 가려낼 수 없다.

7.7 균형과 불균형

7.6절에서 논의한 문제들은 1992년, 물리학자인 데이비드 도이치(David Deutsch)가 처음으로 새로운 형태로 제시하였다. 도이치는 현재 옥스퍼드의 양자정보 센터의 외부교수로 있으며, 양자 논리회로에 대한 연구를 하고 있다. 그의 연구는 함수호출(function call)을 이용하여 어떤 함수가 상수함수 또는 균형함수를 이루는지를 결정하는 양자논리에 대한 것이다. 수학에서의 '함수'란 것은 단순히 어떤 한 개의 수에 대해 다른 수 x를 할당하는 기능의 f를 뜻하며 $f(x)$라고 한다. 예를 들어 $f(x)=x^2$은 어떤 수에 그 수의 제곱을, 함수 $f(x)=x$는 어떤 수에 그 자신의 수를 대응시키는 함수이다. 위의 예와 같이 함수는 x에 대해 함수값을 제공하는 수학공식이기도 하지만 다음과 같이 정의할 수도 있다. 예를 들어 함수를

$$f(0)=0\ ;\ f(1)=1$$

로 정의한다면 이 함수는 두 개의 값만을 취하고 결과도 두 개만 존재한다. 이와 유사하게 우리가 "0"과 "1"로서 작용시킨 또 다른 함수

$$f(0)=1\ ;\ f(1)=1$$

라 할 때, 첫 번째 함수는 "0"과 "1"을 출력하는 반면 두 번째는 오직 "1"만 출력한다는 차이점이 있다. 처음 형태의 함수를 균형함수(balanced function)라고 하고, 두 번째 함수는 상수함수(constant function)라 한다. 이 유형의 또 다른 균형함수는 다른 많은 가능성이 없기 때문에,

$$f(0)=1\ ;\ f(1)=0$$

이고 다른 상수함수는

$$f(0)=0\ ;\ f(1)=0$$

이라 놓을 수 있다.

이런 함수는 지루하고 추상적으로 보이지만 앞에서 논의했던 문제, 즉 오류게이트와 정상적인 게이트가 섞여 있는 상태에서 정상적인 CNOT 게이트를 가려내는 데 필요한 정보를 포함하고 있다. 함수의 수 — 또는 인수(argument)라 불리기도 한다 — 는 제어입력에 해당하고, 이 함수값은 표적입력에 해당하며 표적입력에 무엇이 작용되었는지 예측하게 만든다. 만일 $f(x)=1$이면, 표적 값은 역전환이 일어나거나, 아니면 아무것도 일어나지 않는다. 그러므로 두 개의 일정한 함수들은 오류가 있는 CNOT 게이트에 해당한다고 볼 수 있다. 오류게이트 중의 하나는 항상 표적을 변화시키고 다른 것은 전혀 변화시키지 않는다. 또한 CNOT 게이트의 제어입력과 같은 행동을 보이는 다른 함수로는 균형함수가 있는데 균형함수는 다른 것과 달리 정확하게 반대의 값을 갖는다. 7.6절의 문제에서 만일 가게 점원이 한 개의 서랍에 일정한 함수와 균형함수의 형태의 게이트들을 담고 있었다면

오류게이트와 '정상적인' CNOT 게이트를 구분할 수 없다. 왜냐하면 그 둘 다 같은 출력을 유도하기 때문이다. 일정한 함수이거나 균형함수를 이용하는 예로는 위조와 진짜동전을 구분하는 것이 있다. 진짜동전은 앞면과 뒷면이 나올 확률이 동등하다. 따라서 시행횟수가 많아지면 두 사건의 횟수는 같게 된다. 그러나 위조 동전의 경우는 앞면이나 뒷면 중에 한 면이 더 많이 나올 확률이 높다.

도이치 알고리즘(Deutsch Algorithm)은 일정한 함수와 균형함수 사이에서(또는 진짜와 모조품 사이에서) 단 한 번만 시도하여 두 개를 구별하게 만든다. 그러나 이 알고리즘이 병렬로 동시에 처리할 수 있다고 하더라도 4개의 가능한 함수값이 동시에 나오는 것은 아니다. 그럼에도 불구하고 고전적인 논리와 달리 양자논리를 사용하면 무언가 얻을 수 있는 희망이 보인다고 하겠다. 이제부터 카드패를 잘 끼워 맞추게 되면 양자 알고리즘의 컴퓨터가 고전컴퓨터보다 훨씬 더 빠르고 특별한 계산을 할 수 있는지 살펴보자.

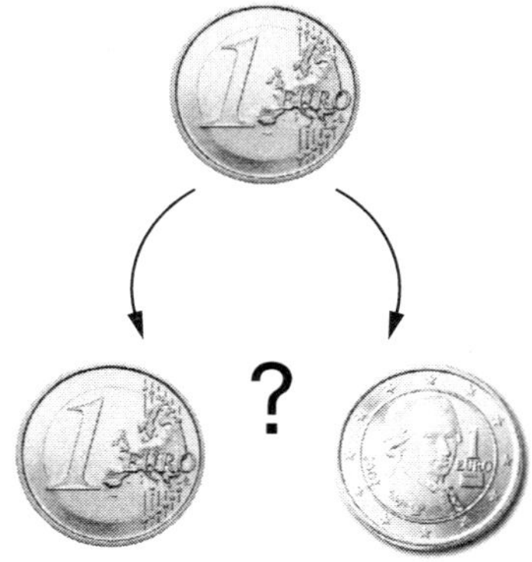

[그림 7.4] 진짜인가? 위조인가? 동전의 어떤 면이 앞면이고 어떤 면이 뒷면인지 구분하기 위해서는 동전을 보통 두 번 정도는 관찰할 필요가 있다. 도이치 알고리즘은 보는 즉시 이런 종류의 문제를 해결할 수 있다.

7.8 한 단계 더 가까이

컴퓨터가 하는 일에 대해 생각해보자. 한마디로 말하면 컴퓨터는 무언가 입력되면 결과를 제공한다. 간단한 도식에서 컴퓨터를 블랙박스로 나타내면 왼쪽과 오른쪽에 두 레지스터들이 놓이게 된다. 그중 한쪽의 레지스터는 입력비트, 다른 쪽은 출력비트들이다(**그림 7.5**). 입력과 출력은(예를 들어 더해지는 두 수들은 입력, 합은 출력이다) 항상 이진수로 표시하며 컴퓨터는 입력비트에 대해 어떤 함수를 계산하며 계산 결과를 함수값으로 출력한다. 컴퓨터를 표시하는 블랙박스 내에는 AND, OR, NOT 등의 많은 논리게이트 등이 존재하는데 그것이 정확하게 작동하는지는 우리가 굳이 걱정할 필요가 없다. 양자컴퓨터도 원리적으로 보통 컴퓨터와 다를 바가 없지만 입력과 출력비트가 큐비트, 즉 양자상태라는 것과 내부에 많은 양자논리회로가 있다는 것이 다르다. 양자컴퓨터가 고전적인 컴퓨터와 다른 점을 두 가지 들자면 (a) 블랙박스는 중첩상태로 진행되며 출력 또한 중첩 또는 얽힘상태에 있다는 것이다. (b) 블랙박스 내의 모든 게이트들이 가역적이므로 블랙박스

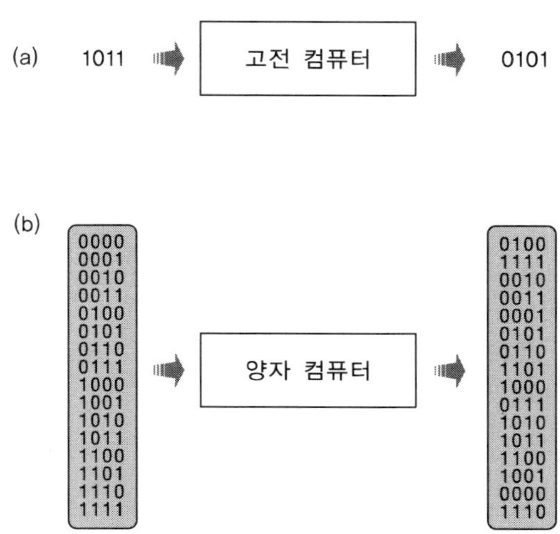

[그림 7.5] (a) 고전컴퓨터와 (b) 양자컴퓨터의 작동원리

전체가 완전히 가역적이다. 두 번째 요소는 좀 하찮은 것처럼 보이지만 양자컴퓨터를 구축하는 데 매우 중요하다. 이는 컴퓨터를 왼쪽에서 오른쪽으로 진행시킨 다음 반대로 오른쪽에서 왼쪽으로 진행시키면 원래의 양자상태로 돌아와야 하는 것이다. 도이치 알고리즘은 원리적으로 양자컴퓨터 작업이 어떻게 이루어지는가를 보여주지만 실제적으로 활용할 수는 없다. 8장에서는 많은 사람의 관심을 모으고 있는 알고리즘 2개를 고찰해보기로 하자.

08장

쇼어의 혁명

양자 알고리즘이란?

매우 두꺼운 전화번호책, 이를테면 시카고 전체의 전화번호가 적힌 책을 여러분에게 주고 헤럴드 카터(Harold Carter)란 사람의 전화번호를 검색해 달라고 요청받았다고 해보자. 이 부탁을 들어주기 위해 어떻게 노력할 것인가? 그리고 이 작업에 걸리는 시간을 한번 생각해보았는가? 이것은 어린애 장난같이 쉬운 일이라고 말할지도 모른다. 전화번호부가 알파벳 순서대로 되어 있으니까 "C" 부분에서 "C..."로 시작되는 처음 목록을 재빨리 훑어보고 몇 페이지를 휙휙 넘겨 "Car..."과 "Carter"에 이르게 되면 이 지점에서부터 조금씩 다른 이름들을 조사하다가 이내 발견할 것이다. 이런 모든 과정은 대략 추정해도 2 또는 3초보다는 훨씬 긴 시간이 들 것이다.

그럼 이번에는 전화번호부에서 312-2453-749의 번호에 해당하는 사람의 이름을 검색해 달라는 요청을 받았다고 생각해보자. 이것은 사정이 좀 달라져서 직관적으로 몇 년 아니면 적어도 몇 시간이 걸릴 것이라고 말할 것이다. 이 작업이 평균적으로 얼마나 시간이 걸리는지 한번 추측해보기로 하자. 처음 페이지에서 숫자들을 훑어갈 것이고 행운이 주어진다면 곧바로 이름을 발견해낸다. 평균적이라는 말을 사용하는 이유는 바로 이 때문이다. 마구잡이로 번호를 찾는 작업을 여러 번 반복해야만 하는데 처음 두세 페이지 만에 찾을 수도 있고 때론 마지막에서야 찾게 되거나 또는 처음과 마지막 사이의 어느 페이지에서 찾을 수도 있다. 그러니 "그 이름을 찾는데 평균적으로 얼마나 시간이 걸릴까?"라는 질문이 더 타당한 것 같다.

이런 종류의 검색은 비구조적 데이터베이스(unstructured database)검색이라고 불리는데 말하자면 방법을 생각할 필요가 없는, 전략 없는 검색이라고 할 수 있다. 전략이 없기에 단순한 방법으로 첫 페이지부터 반복해서 찾으면 그뿐이다. 처음 착수하자마자 곧바로 찾을 대상을 발견할 기회는 너무 낮지만 그렇다고 불가능한 것은 아니다. 이런 식으로 찾을 대상을 발견하기까지 어쩌면 마지막 페이지까지 전체의 책을 다 훑어야 할지도 모른다(머피의 법칙에 의하면 충분히 그럴 가능성이 있다). 그러나 이런 두 극단적 상황 사이에서 원하는 대상을 발견할 경우에, 만일 전화번호 면의 수가 N이면 찾을 대상을 발견하기까지는 평균적으로 $N/2$ 면을 찾게 될 것이라고 말할 수 있다.

그렇다면 양자역학에서는 이런 검색을 얼마나 빠르게 할 수 있는가? 고전적으로 두 단계에 걸치는 문제를 도이치 알고리즘(Deutsch Algorithm)에서는 한 단계에 해결할 수 있다. 또한 양자컴퓨터는 가능한 모든 입력값을 병렬로 처리할 수 있지만 이러한 값은 컴퓨터 내의 얽힘상태로 잠겨 있기 때문에 직접 접근할 수가 없다. 따라서 '양자병렬성(quantum parallelism)'을 이용하려면 몇 가지 요령이 필요하다.

8.1 그로버의 데이터베이스 검색

양자컴퓨터가 어떤 함수를 계산하는 블랙박스를 양자컴퓨터라고 생각하려면 우선 목록에 특별히 등록할 대상(particular entry)을 '찾아내는' 함수가 있어야 한다. 그 작용되는 방법을 알아보기로 하자. 다음은 이름과 숫자들이 쌍을 이루고 있는 목록이다.

0 X

1 R

2 P

3 A

그러면 매우 간단한 검색프로그램을 통해서 위 목록의 "P"에 대응되는 숫자를 검색한다고 하자. 이것을 함수의 형식으로 어떻게 만들 수 있을까? 이것은 어려운 일은 아니다. 검색하기 위해서 다음의 특성을 갖는 '꼬리표(tagging)' 함수를 붙여보자. 만일 해당하는 문자가 "P"라면

$$f(x) = 1$$

이고, 그 외의 경우에는

$$f(x) = 0$$

이 된다. 이 함수를 모든 숫자에 적용한다면 숫자가 2일 때 대응되는 값은 $f(2) = 1$이 되며 위의 목록에서는 "P"가 숫자에 해당된다. 함수 $f(x)$를 어떻게 양자게이트로 만들지는 미리 걱정할 필요 없다. 보편적 논리게이트인 CNOT와 단일 큐비트 게이트로 어떤 함수를 만들고 실행하는 것을 확인하는 것만으로도 충분하다.

물론 아직까지 문제 해결의 실마리가 잡힌 것은 아니다. 비록 꼬리표함수에 의해 우리가 풀어야 할 문제를 수학식으로 표시한다고 해도 모든 등록(entry) 대상을 하나씩 함수로 대응시켜야만 하는 문제점이 있다. 10개의 등록대상이 있다면 $f(x) = 1$이 될 때까지 평균적으로 컴퓨터를 평균보다 5배나 많이 동작시켜야만 한다는 말이다. 여기서 $f(x) = 1$은 검색대상을 발견한 경우를 말한다. 만일 백만 개의 항목에서 한 개의 항목을 발견하려면 평균보다 50만 배 정도 컴퓨터를 가동시켜야 한다. 속력의 차원에서 꼬리표함수는 아무런 도움이 되지 못한다.

그러므로 양자역학의 원리를 적용해보기로 하자. 기본 개념은 다음과 같다. 한 숫자씩 블랙박스 — 이것은 '예언적 능력'이라는 뜻을 가진 '오라클

(oracle)'이라고 한다 — 에 입력하고 꼬리표함수와 관련된 값을 계산하는 것보다는 모든 가능한 중첩상태를 이용하는 것이다. 이때 계산을 더 빠르게 하려면 병렬성을 이용할 수 있다. 여기서는 비록 블랙박스에서 동시에 목록 대상에 대한 정보를 모두 갖고 있어도 바로 출력하는 것은 불가능하다. 따라서 중첩상태로부터 정보를 잘 끄집어내려면 몇 가지의 요령(trick)을 사용해야 될 것이다.

양자검색 알고리즘은 목록 대상들의 모든 가능한 중첩상태에서 시작된다고 할 수 있다. 목록이 N개라면 2의 n 제곱으로서 $N=2^n$이 된다. 왜 이런 조건이 필요할까? 이진수들을 n 비트로 얼마까지 나타낼 수 있는지 생각하면 된다. 각 비트는 0, 1의 2개의 값을 가질 수 있다. 예를 들어 2비트라면 2*2의 조합이 가능하고 3개의 비트는 2*2*2, 그리고 n 비트의 경우는 2^n 개의 조합이 가능하다. 2의 멱(power)이 아닌 많은 등록대상이라면, 그 수에 가장 근접한(또는 더 큰) 2의 멱을 선택한다.

다음 단계는 목록의 모든 수치들을 n개의 큐비트로 동시에 암호화하는 작업이다. 예를 들어 만일 우리가 두 개의 큐비트를 가지고 있다면 4개의 가능한 조합은

$$|00>,\ 01>,\ 10>,\ 11>$$

로서 이것은 단순히 0부터 3까지의 숫자를 이진수로 나타낸 것이다. 그러나 대체 이런 값들을 어떤 형태로 받을 건가? 간단한 일이다! 두 개의 큐비트들을 모두 중첩상태 $\frac{1}{\sqrt{2}}(|0>+|1>)$로 놓을 필요가 있다. 결국 큐비트의 합성된 상태는

$$\frac{1}{\sqrt{2}}(|0>+|1>)*\frac{1}{\sqrt{2}}(|0>+|1>)$$

이 되는데, 두 개의 괄호를 풀어쓰면

$$\frac{1}{2}|00>+\frac{1}{2}|01>+\frac{1}{2}|10>+\frac{1}{2}|11>$$

이다. 다행히 4개의 상태 중의 하나를 측정할 확률을 모두 다 더하면 1을 만족하므로 규격화 조건에도 부합된다는 것을 알 수 있다. 각 상태의 앞의 계수는 $\frac{1}{2}$이고, 확률은 이것의 제곱이므로 $\left(\frac{1}{2}\right)^2 = \frac{1}{4}$이 된다. 이 상태가 4개이므로 전체 확률은 $4 * \frac{1}{4} = 1$이 된다.

지금부터는 상당히 흥미로운 부분이다. 두 개의 큐비트의 "0"과 "1"의 가능한 조합의 중첩상태를 얻었으면, 이것을 오라클에 입력한다. 이러한 초기의 중첩상태는 모두가 같은 길이인 작은 화살표들의 집합인 '머리빗'처럼 시각적으로 나타낼 수 있다(**그림 8.1**). 그러면 꼬리표함수가 들어 있는 블랙박스, 즉 오라클에 이 중첩상태를 입력한다. 꼬리표함수는 $f(x) = 0$이면 블랙박스의 중첩상태가 변하지 않도록 유지시키며, $f(x) = 1$이면 위상을 변하게 만든다. 예를 들어 우리가 찾는 항목이 바로 숫자 2, 또는 이진수로 10이라면 중첩상태 $|10>$은 위상이 반대가 되어 결국은 $-|10>$이 된다. 머리빗의 이미지에서 상태 $|10>$에 해당하는 톱니들은 지금 위가 아니라 아래를 향한다.

중첩상태에서 찾는 항목이 표시나게 달라보여도 바로 선택할 수는 없다. 그 항목의 톱니 길이는 변화하지 않으므로 중첩상태를 측정한다면 확률은 $1/N$이 될 것이다. 그러므로 아직도 아무 것도 얻어내지는 못한다. 비록 찾는 대상항목의 위상은 반대로 됐지만, 그것을 측정할 확률은 변화가 없다. 따라서 찾는 항목의 톱니 길이를 변화시켜서 측정 시에 확률을 더 높게 만들 필요가 있다. 100% 확률이 이상적인 값이다. 그런데 놀랍게도 이것에 도달하기가 쉽다는 것이 밝혀졌다.

우선 찾는 대상의 톱니가 아래로 향한다는 것을 이용할 필요가 있다. 이 사실을 활용하면 양자역학의 규칙을 깨지 않고 그 톱니의 길이를 다른 것보다 길게 만들 수가 있다(물론 모든 것이 가역적으로 되어야만 한다). 그래서 이에 대해 조금 요령을 가지고 접근해보자. 먼저 빗모양의 형태에서 윗방향으로 향하는 것을 양으로, 아래로 향하는 것을 음으로 하여 빗의 길이의 평균값(우리는 그것을 보통 m 이라고 부른다)을 계산하자. 예를 들어 4개의 톱니 길이가 1/2이면 평균값은 $(\frac{1}{2}+\frac{1}{2}-\frac{1}{2}+\frac{1}{2})/4=\frac{1}{4}$ 이 된다.

다음은 '평균에 대한 역전환'을 다음과 같이 수행해보자. 각각의 톱니에 대해 평균값 m 보다 위에 있거나 아래에 있는 원래 톱니의 길이를 계산한

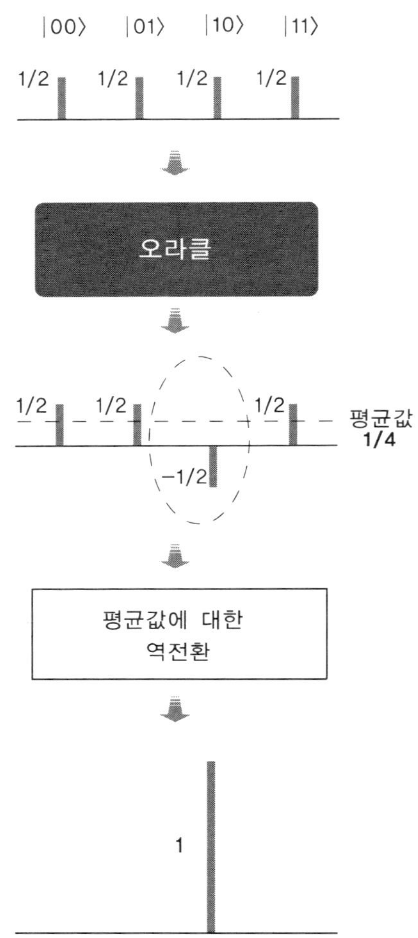

[그림 8.1] 큐비트 2개에 대한 가장 간단한 그로버의 검색 알고리즘. 오라클은 처음에 우리가 찾을 대상 $|10>$ 상태의 진폭을 처음으로 변화시킨다. 그 다음 평균값에 대한 역전환으로 "틀린" 상태의 진폭을 0으로 감소시키게 된다. 따라서 마지막 상태는 100 %의 확률로 정확한 결과에 도달한다.

다. 그 다음 평균값 위로 올라간 톱니의 길이만큼을 평균값으로부터 뺀 톱니 길이로 대체한다. 역으로 평균값보다 아래에 있는 톱니도 평균값 아래의 톱니 길이만큼을 평균값에서 뺀 톱니 길이로서 대체할 수 있다. 따라서 원래의 톱니의 길이가 l이라면 평균에 대한 역전환한 후의 길이 l^*은

$$l^* = m - (l - m) = 2m - l$$

이다. 우리 예에서 위, 아래의 두 가지 경우를 적용해보면 다음과 같다. 알고리즘의 처음단계에서 역전환되기 전의 톱니들은 평균값 1/4보다 큰 길이 1/4을 갖는다. 따라서 평균값 1/4에서 평균값보다 큰 길이 1/4을 빼면 0이 되며, 이 값은 평균값 아래로 1/4이 된다.

반면에 톱니의 길이는 평균에 대한 역전환이 되면 아래 방향으로 줄어들게 된다. 초기의 값이 −1/2인 아래 방향으로 있는 톱니의 경우에는 평균값보다 아래에 있는 길이는 3/4이 된다. 따라서 평균값에서 3/4을 빼주는 평균값 역전환을 하면 후의 길이가 $\frac{1}{4} + \frac{3}{4} = 1$이 되어 바로 찾는 상태가 되는 것이다. 여러분은 아마 놀랐을지도 모른다. 단 한 번의 오라클 처리로 우리가 찾는 진폭값이 1인 중첩상태로 도달한 반면 다른 모든 계수는 0이 되었기 때문이다. 다시 말하면 우리가 큐비트의 마지막 상태를 측정한다면 항상 올바른 결과인 “10”을 100 %로 측정하게 된다는 것과 같다. 이 보다 더 좋을 수 있겠는가!

8.2 얼마나 빨리 검색할 수 있는가?

4 개의 목록을 검색할 때 4번에 걸쳐 체크하지 않고 한 번에 대상을 발견할 수 있다면 더 긴 목록의 경우는 검색이 더 빨라질 것이다. 그렇다면 얼마나 빨리 속도가 향상되겠는가?

무엇보다도 4개 이상의 항목을 갖는 목록에서 단 한 번의 시도로 원하는

결과를 얻기란 분명히 어렵다. 그림 8.2처럼 16개의 항목이 있을 때의 검색하는 경우를 보자. 이 목록에서의 세 번째 항목은 검색하려는 대상(|0010 > 상태에 해당하며 앞의 0들은 1부터 15까지를 나타낼 때 4개의 큐비트에 필요한 0이다)이라고 가정하자. 4개의 큐비트에 대한 처음의 중첩상태를 얻기 위

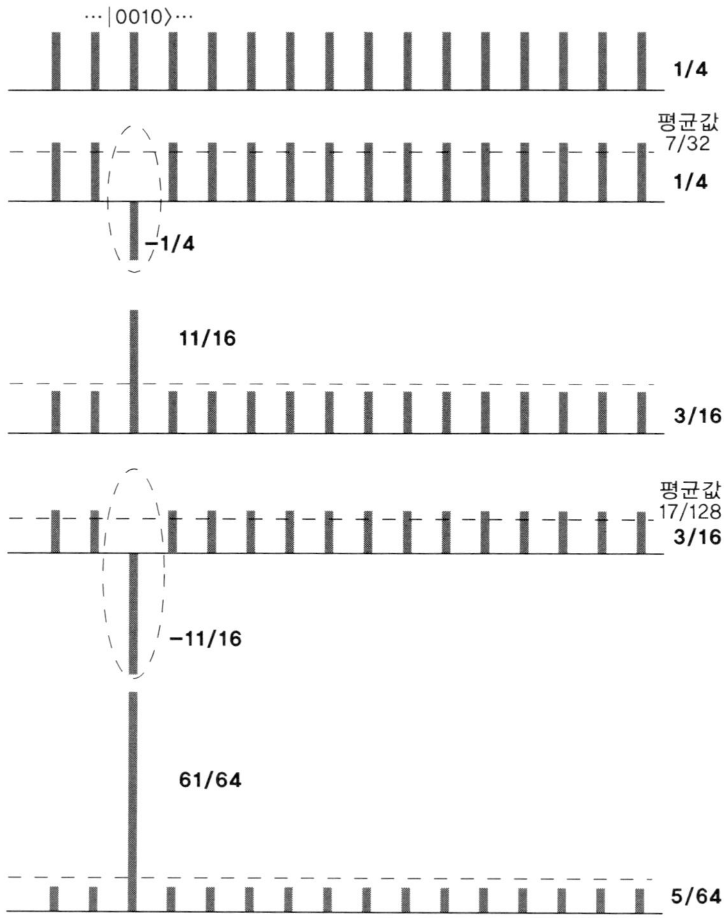

[그림 8.2] 큐비트 4개에 대한 그로버의 검색 알고리즘. 이 경우에는 오라클을 통한 변환과 평균값에 대한 역전환 후에도 “틀린” 상태들의 진폭이 0이 되지 않는다. 따라서 완전한 상태를 만들기 위해 ‘오라클-평균값에 대한 역전환’을 여러 번 반복수행한다. 이 알고리즘에서 반복횟수는 고전적인 경우처럼 N(항목수)에 비례하지 않고 $\sqrt{N}$에 비례한다.

해 $|0>$의 상태에 하다마드 게이트(Hadamard gate)를 적용한다. 그리고 오라클을 통해서 중첩상태를 얻으면 이 상태는

$$\frac{1}{4}(|0000>+|0001>-|0010>+\ \cdots\ +|1111>)$$

이다. 검색하고자 하는 상태(합에서 세 번째 항)는 그 앞에 음의 부호가 붙는다. 계수는 1/4(항상 검토할 필요가 있다)이고, 따라서 전체 확률은 $16*\left(\frac{1}{4}\right)^2=1$이 되므로 규격화 조건을 만족하는 것을 알 수 있다.

상태들 중의 한 개만 음의 부호를 가지므로 모든 계수의 평균값은 $(15*\frac{1}{4}-1*\frac{1}{4})/16=\frac{7}{32}$임을 쉽게 보일 수 있다. 평균에 대한 역전환을 하면 "틀린"(검색하려는 상태가 아닌) 상태의 진폭이 $\frac{3}{16}$이고 "맞는" 상태의 진폭이 $\frac{11}{16}$이라는 결과가 나온다. 만일 이 상태에서 출력을 측정한다면 반드시 정확한 결과를 얻는다고 할 수는 없다. 틀린 상태의 계수로부터 각각의 상태들에 대한 확률은 $\left(\frac{3}{16}\right)^2$이며 대략적으로 3.5% 정도로 틀린 상태가 측정될 것이다. 맞는 상태의 확률은 47%로 나온다는 사실도 놀랄 만하지만 아직 100%는 아니다.

금방 측정을 해야 할 필요성이 없다면 위와 같은 전체의 과정 — 오라클, 평균값에 대한 역전환 단계 — 을 반복하여 검색하는 상태의 확률을 점점 더 증가시키는 것이 바람직하다. 위의 예에서는 두 번째의 알고리즘을 시행함으로써 이미 찾는 상태의 계수가 $\frac{61}{64}$인 거의 91%의 확률이 되면, 측정하여 검색하려는 상태를 얻게 된다. 두 단계 만에 맞는 상태를 발견할 확률의 기회를 6%($\frac{1}{16}$)에서 90% 이상으로 증가시킨 것이다.

원한다면 이 과정을 계속 반복하여 틀린 상태는 계속 작아지게 하고 맞는 상태는 점점 더 두드러질 정도로 크게 만들어 결국 틀린 상태가 거의 없어질 때까지 계속할 수 있다. 이때 큐비트의 상태를 측정한다면 검색하려는 항목을 확실하게 발견할 것이다.

그러나 그러한 점에 도달하기까지 얼마의 시간이 걸리겠는가? 이것은 흥미를 갖게 하는 질문이 아닐 수 없다. 양자병렬성이 검색하고자 하는 것을 빠르게 찾도록 해준다고 할지라도 그로버의 검색알고리즘(Grover's search algorithm, 발명자인 Lov Grover의 이름을 따서 만듦)[23]의 반복횟수는 목록의 항목수 N에 비례하여 증가한다. 그로버의 알고리즘의 반복횟수는 고전적인 경우보다 훨씬 더 천천히 증가한다.

좀 정확하게는 $\sqrt{N}$ 단계[24] 정도가 반복되어야 하며 만일 N이 충분히 크다면 "검색을 원하지 않는" 상태의 톱니의 길이는 거의 0에 근접된다. 고전적으로 검색항목을 찾을 때 반복횟수는 평균적으로 $N/2$ 정도이지만 양자알고리즘의 경우는 $\sqrt{N}$ 정도의 반복횟수만 요구된다. 12개 정도의 등록대상의 작은 목록에서는 $N/2$과 $\sqrt{N}$ 사이의 차이는 크지 않지만 등록대상수가 백만이나 천만 정도를 포함하는 목록에서는 차이가 크게 난다. 처음 대도시의 전화번호책에서 어떤 이름을 찾는 작업은 십만의 등록대상이 있는 경우다. 1초에 한 페이지씩 이름을 검토한다고 가정하면 검색하는 데 걸리는 시간은 11일 정도가 될 것이다. 상당한 시간이다! 이에 반해 양자알고리즘을 사용하면 이 시간을 100초나 15분 정도로 줄일 수 있다. 양자컴퓨터는 검색할 때 걸리는 시간은 보통 컴퓨터에 비해 1/1000 정도로 줄이는 효과를 갖는다.

8.3 쇼어의 소인수분해 알고리즘

7장에서 역사적으로 양자계산이 처음으로 처음 수행되었다는 것을 알리는 신문의 표제를 인용한 적이 있다. 그 표제의 내용은

---

23) L. K. Grover(2001).

24) 글로버의 알고리즘에서 대략 $\sqrt{N}$번 이상 반복한 경우도 만족할 결과가 나오지 않는다는 점에 주의할 것. 실제로 최대값에 도달한 이후 "올바른" 상태의 진폭은 다시 감소하기 시작한다.

$$15 = 3 \times 5$$

라는 것이었는데 보통의 곱셈표에서 일상적으로 사용하는

$$3 \times 5 = 15$$

와는 다르다. 이 차이는 대수롭지 않아 보이지만 매우 결정적이며 중요한 차이를 갖는다. 즉, 신문기사에서 언급된 양자컴퓨터 문제는 두 수를 곱하는 문제가 아닌 서로 곱해서 15를 만드는 두 수를 찾는 작업이라고 하는 것이 나을 것이다. 다시 말하자면 15의 소수를 찾는 작업이라고 할 수 있다. 여기서 소수란 1과 자기 자신에 의해서만 나누어지는 수인 2, 3, 5, 7, 11 등과 같은 수를 말한다.

위의 예에서 두 수를 찾는 문제는 대단히 어렵지는 않다. 한 개의 소수를 시험해 보고 그 다음 또 다른 수를 시험하고, 그리고 나머지 없이 15가 나누어지게 하는 수인지 아닌지 검토하면 된다. 따라서 $3 \times 5 = 15$를 이해하려면 한편으로는 곱하는 방법을 알아야 하고 또한 어떻게 나누어야 하는지도 알아야 한다. 15와 같은 수에서 이 문제는 어렵지 않다. 그러나 더 큰 수들을 만나게 되면 대단히 힘든 작업이라는 것을 깨달을 것이다. 실제로 어떤 사람이 두 자리 소수들인 17과 23을 곱하는 데 드는 시간은 몇 초에 불과하지만(어느 정도의 연습을 통해 한 사람이 암산을 한다고 하자) 시행착오의 방법으로 391을 소인수분해하는 것은 훨씬 많은 시간이 든다. 그 이유는 계산에 대한 '유효한 알고리즘', 즉 문제(시간이 드는 문제)를 풀기 위해 필요한 계산단계의 수가 곱셈에서는 입력의 길이(우리가 곱하기를 원하는 수들의 자릿수)와 비례하여 지나치게 빨리 늘어나지 않는다. "지나치게 빨리"라는 의미에 대해서는 다음의 몇 개의 예를 통해 살펴보기로 하자.

8.3.1 기존의 느린 계산법

다음 덧셈을 시작해보자.

$$\begin{array}{r} 154 \\ +\ 248 \\ \hline =\ 402 \end{array}$$

이 계산은 오른쪽부터 왼쪽으로 각 자릿수의 숫자들을 더해서 자리올림을 하면 된다. 이러한 계산은 자릿수의 각 쌍에 대해 2초나 3초 안에 할 수 있다. 2개의 세 자릿수의 덧셈의 경우는 9초 정도가 걸리며 2개의 네 자릿수의 경우는 12초가 든다. 그러므로 계산시간은 숫자들의 자릿수에 비례해서 늘어나게 된다. 만일 한 숫자의 길이가 더하는 숫자의 길이보다 두 배이면 계산시간은 두 배로 늘어나게 된다. 두 숫자의 자릿수가 1000개라면 인내력을 가지고 시도할 경우 1시간 이내에 덧셈을 끝낼 수 있을 것이다.

곱셈에 대해서는 이런 작업이 더욱 복잡해진다. 세 자릿수 2개를 서로 곱하려면 처음 자릿수의 숫자와 두 번째 수를 다 곱한 다음 더하는 과정을 거쳐 결과를 얻게 된다. 예를 들어 154와 248의 숫를 곱하려면 12개의 단계를 거쳐야 하는데 더하는 과정이 4번 정도 필요하다.

훨씬 큰 수를 곱하기 위해서는 계산이 대단히 빨라야 한다(154×148, 2478×4592, 13789×98372 등을 종이 위에 계산하면서 걸리는 시간을 체크할 수 있을 것이다). 처음 수와 두 번째 숫자가 곱해질 때 숫자의 길이가 두 배이면 계산단계는 네 배만큼 늘어난다는 것을 알 수 있다(우리가 마지막 덧셈을 더할 때까지). 그리고 숫자의 길이가 3배이면 곱셈은 대략 9배나 늘어나게 된다. 그러므로 계산시간은 숫자의 자릿수의 제곱에 비례하게 되며, 만일 1000개의 자릿수를 가진 두 수를 종이 위에 곱셈을 한다면 1주일 이상 걸릴 것이다(물론 종이도 많이 필요할 것이다). 그럼에도 불구하고 곱셈은 효율적인 알고리즘이라 할 수 있다. 왜냐하면 계산시간이 자릿수의 제곱에 비례하므로 늘어나는 증가횟수는 수용할 정도이며 크게 늘어나지는 않는다. 그러나 소인수분해를 하는 경우는 매우 다른 상황에 처하게 됨을 알 수 있다.

예를 들어 5083이란 수를 취하여 서로 곱하여 이 수가 되는 소수들을 구한다고 해보자. 그 경우에는 다음과 같은 단계로 계산이 이루어진다. 5083을 소수인 2, 3, 5, 7 등의 소수로 나누어 나머지가 없는 소수를 찾으려 한다. 그와 같은 소수를 발견하자면(13의 경우와 같이) 이 나눗셈의 결과를 같은 식으로 반복해서(이제는 391로 된다) 결국은 더 이상 다른 수로 나누어질 수 없을 때, 즉 소수가 될 때까지 반복수행된다. 세 번을 반복하여 찾은 숫자들은 13, 17, 23이다.

그러나 얼마나 긴 숫자를 소인수분해할 수 있을 것인가? 5083의 수는 5회의 나눗셈(2, 3, 5, 7, 11에 의해)을 통해 13의 소인수를 얻었고, 6회의 나눗셈을 통해 23을 얻게 되었다. 만일 이 수가 소수란 것을 즉시 알아챌 수 없을 때 다시 8회의 나눗셈을 하는 수고를 하여야만 한다. 따라서 이런 모든 과정은 19회에 걸쳐 '나누어져야'만 되는 것이다. 게다가 이 나눗셈의 각각은 여러 개의 계산단계로 이루어져 대략 60회나 70회 단계를 거친 다음에야 최종 결과에 도달하게 된다. 네 자릿수를 갖는 두 수의 덧셈은 기껏해야 4단계이고 곱셈은 대략 20여 단계라는 것과 비교할 때 소인수분해의 알고리즘이 매우 비효율적이라는 것을 알 수 있다.

알고리즘이 얼마나 비효율적인지 알아보려면 소인수분해의 계산시간이 숫자의 자릿수에 따라 얼마나 빨리 늘어나는가를 통해서 추론해낼 수 있다. 만일 자릿수가 4개에서 8개로 늘면 계산과정의 수는 대략 70번에서 5000번으로 늘어나는데 이때의 계산시간을 4시간으로 대략 잡아본다면 16자릿수로 늘어나는 경우의 계산시간은 2년 정도로 추산된다(잠도 안자고 쉬지도 않고 계산한 경우를 말한다). 이와 같이 늘어나는 관계식을 지수함수적인 증가라고 한다(**그림 8.3**). 지수함수의 예로는 인구 증가나 세포분열에 의해 증식되는 기관들을 들 수 있다. 이런 증가는 어떤 시간 안에 그 수가 2배가 되어 초기에는 거의 몇 개 안 되는 기관이었을지라도 이 과정을 몇 번 반복하면 곧바로 엄청난 수로 불어나게 된다. 소인수분해 알고리즘은 바로 이와 같은 형태의 계산과정에 해당한다.

한편으로 컴퓨터는 더욱 빠르게 계산을 처리하게 되었다. 실제로 현대의 컴퓨터는 1초 동안 1조 번의 계산을 수행할 수 있는(테라플롭-teraflop) 능력을 가지고 있는데, 130자릿수를 갖는 어떤 수를 소인수분해하는 데 42일 정도면 처리할 수 있다. 그러나 컴퓨터에 사용되는 알고리즘은 현재 사용한 단순한 방법과 큰 차이가 없다. 즉, 현재의 컴퓨터의 경우에도 계산시간은 결국 입력된 숫자의 자릿수와 더불어 지수함수적으로 증가한다는 것을 의미한다. 42일 만에 130자릿수를 소인수분해하는 능력을 가진 컴퓨터로 이 숫자보다 2배가 되는 자릿수를 갖는 수를 소인수분해할 경우에는 대략 100만 년 정도의 시간이 걸린다고 한다. 만일 자릿수가 몇 개 더 늘어난다면 계산시간은 우주의 나이보다 더 길어질지도 모른다.

8.3.2 빠른 계산을 위한 멋진 책략

인상 깊은 말이다. 그렇다면 이제 이런 질문을 던져야 할지 모른다. 이

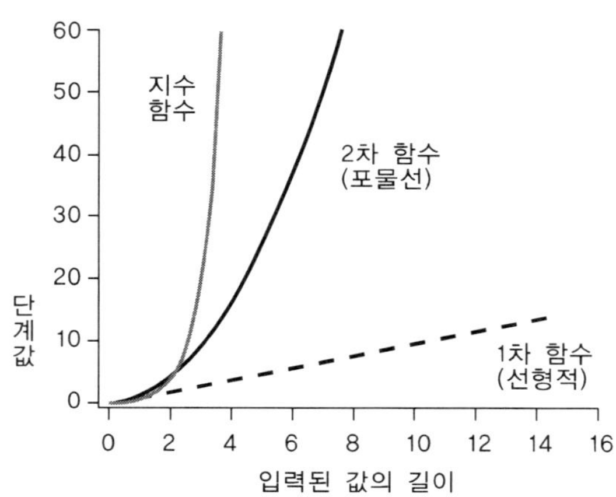

[그림 8.3] 입력된 숫자의 길이에 따라 각각 선형, 제곱, 지수함수적으로 계산단계의 증가를 나타내는 그래프. 비효율적 알고리즘은 지수함수적 증가를 만든다.

제 양자역학으로 해야 할 일이 무엇인가? 비록 신기한 '양자컴퓨터'가 15보다 더 큰 수들을 소인수분해한다고 해서 보통 컴퓨터와 대체 뭐가 다르다는 말인가? 지금의 컴퓨터들도 큰 수들을 처리할 때 매우 느리다고는 하지만 계산할 수는 있다. 그리고 대체 왜 큰 수를 소인수분해를 하려는 것일까?

지금까지 접해온 양자적 사실에 의하면 중첩과 양자병렬성을 이용한 양자컴퓨터로 어떤 수를 소인수분해하면 대단히 빠를 것이라고 예상을 할 수도 있다. 물론 도이치와 그로버의 알고리즘에서 중첩상태는 가능한 값의 특정 함수를 병렬로 계산할 수 있게 해준다. 그 다음 양자컴퓨터로부터 출력을 얻는 확실한 방법을 발견해내야만 한다. 그로버 알고리즘에서는 여러 번 컴퓨터를 연속적으로 수행시켜 매번 이전의 계산 결과를 다시 입력함으로 원하는 결과가 100 %의 확률이 될 때까지 반복한다.

그렇다면 이 소인수분해의 문제에 이것을 어떻게 적용해야 되는가? 지금까지 우리는 소인수분해를 풀 때 시행착오의 알고리즘을 사용하여 왔다. 시행착오를 이용한 알고리즘에서는 한 개의 소수가 인수인지 아닌지를 알아보기 위해 나누고 비교해보는 과정을 매회 반복적으로 체크하게 된다. 원리적으로 모든 가능한 시도 횟수의 조합을 알고리즘에 입력하고 어떤 결과가 일어나는지 확인할 것이다. 그러나 이보다 더 멋진 방법이 있으며 실제로 적용될 수 있다.

그 방법은 두 수학적인 문제의 유사성을 이용하는 것으로서 어떤 수의 소수를 발견하는 방법은 어떤 함수의 푸리에변환(Fourier transform)식을 발견하는 것과 같다. 푸리에변환은 우리에게 그 함수가 어떤 주기성을 갖는지 알려준다. 예를 들어 다음과 같은 수열

$$1, 2, 3, 4, 1, 2, 3, 4, 1, 2, 3, 4, \ldots$$

는 IQ 테스트에서 종종 나오는 문제인데 거기에서 "4" 다음에 오는 수는 무엇일까?"라고 묻곤 한다. 이거야 말로 "1"이라고 하는 것이 어렵지 않다.

왜냐하면 이 수열이 "1, 2, 3, 4"의 주기를 가지고 반복되기 때문이다. 그러므로 이 수열은 주기가 4라고 할 수 있다.

그러나 푸리에변환을 심도 있게 다루기 전에 소수와 주기 사이의 불가사의한 관계에 대해서 먼저 알아보기로 하자. 따라서 비밀코드와 논리게이트 사이의 관련식에서 사용된 "덧셈 모듈러 2"에 대해 다시 기억을 더듬어볼 필요가 있다. 덧셈 모듈러 2에서 1과 1을 더하면 2가 아닌 0이 되었다. "모듈러 N"의 의미는 수 자체에 의미를 두는 것이 아니라 수를 N으로 나누어서 남는 나머지에 의미가 있다는 것을 기억하자. 그러므로 $1+1=2$이고 2는 2로 나머지 없이 나누어질 수 있으므로 $(1+1)$의 덧셈 모듈러 2는 바로 0이 되는 것이다. 다른 예로 5의 모듈러 3은 2가 되는데 그 의미는 마찬가지로 5를 3으로 나누어서 몫은 1이고 나머지는 2라는 것이다.

7로부터 유도되는 7의 멱(power) 수열은

$$7^1 = 7, \quad 7^2 = 49, \quad 7^3 = 343, \quad 7^4 = 2401$$
$$7^5 = 16807, \quad 7^6 = 117649, \quad 7^7 = 823453, \quad \ldots$$

이다. 이 수열은 매우 빨리 증가하고 얼핏 보기에는 특별한 수의 패턴이 나타나 보이지 않는다. 그 수들에 모듈러 15를 적용해보자. 즉 7 mod 15, 7^2 mod 15, 7^3 mod 15과 같이 적용하면 위 수열은

$$7,\ 4,\ 13,\ 1,\ 7,\ 4,\ 13\ \ldots$$

이다. 과연 어떤 규칙성이 보이는가? 바로

$$7,\ 4,\ 13,\ 1$$

이 반복되며 7의 멱에 계속 작용시켜도 이 규칙이 맞다는 것을 알 수 있다. 이 수열은 원소가 4개이므로 주기는 4가 된다.

즉, 수 a의 x 제곱 형태의 x에 따라 커지는 수열을 어떤 수 N으로 모듈러 연산을 하면 그 수열

$$a^x \bmod N$$

은 주기적이다. 실제로 어떤 조건에서 수 N의 소인수는 바로 수열의 주기로부터 정확하게 구해낼 수 있다. 따라서 소인수를 구하려면 a는 N보다 작아야 하며 N과 공통 인수를 가져서는 안 된다. 그러면 $a^x \bmod N$를 q라고 놓고 짝수라고 한다면 N의 소수는

$$a^{\frac{q}{2}}+1$$

과

$$a^{\frac{q}{2}}-1$$

이다. 마지막 단계에서 이 수들과 N의 최대공약수(또는 GCD; greatest common divisors)를 구하면 된다. 최대공약수는 나머지[25] 없이 수들을 동시에 나눌 수 있는 수이다. 이 최대공약수가 바로 N의 소수가 된다.

위의 예에 이 방법을 적용해보기로 하자. $N=15$, $a=7$로 택하면 이 수열의 주기 4를 얻게 되며 이 값을 다음의 방정식에 대입하면

$$\text{최대공약수}(a^{\frac{q}{2}}+1,\ N)$$

와

$$\text{최대공약수}(a^{\frac{q}{2}}-1,\ N)$$

의 결과는

$$\text{최대공약수}(50,\ 15)$$

와

25) 예를 들어 21과 35의 최대공약수는 21/7=3 과 35/7=5이 되므로 7이라는 것을 알 수 있다. 일반적으로 최대공약수는 기원전 300년경에 유클리드가 창안한 알고리즘을 사용하면 손쉽게 얻을 수 있다.

$$\text{최대공약수}(48,\ 15)$$

이 된다.

결국 최대공약수는 직접적으로 5와 3이라는 것을 알 수 있다($50/5=10$, $15/5=3$, $48/3=16$, $15/3=5$이므로). 따라서

$$15=3\times5$$

이 되며 이 결과는 기대한 바와 같다.

소수를 찾아내는 위의 방법이 너무 우회적이고 간접적이라고 생각할 수도 있겠지만 확실히 N의 소수와 수열의 주기는 놀라울 정도로 서로 관련성이 있다.

1994년에, 벨 연구소의 피터 쇼어(Peter Shor)는 양자역학을 이용한 알고리즘에 이러한 관련을 활용할 수 있다는 것을 알게 되었다. 실제로 소인수분해를 $a^x \bmod N$의 주기를 찾는 방법으로 수행한다고 할 때 보통의 컴퓨터에서는 특별히 빠르게 수행되는 것은 아니다. 수의 길이 N에 비례해서 지수함수적으로 점점 계산과정이 증가하기 때문이다. 그러나 양자컴퓨터라면 주기를 찾는 데 있어서 상당히 우수하다고 할 수 있다. 알고리즘에서 큐비트나 양자 중첩을 사용하면 계산단계를 고전적인 경우보다 훨씬 줄일 수가 있다.

쇼어의 알고리즘은 그로버의 알고리즘보다 좀 더 복잡함에도 불구하고 양자병렬성을 사용하기 때문에 훨씬 효율이 좋다. 오라클이 호출될 때마다 구하고자 상태는 평균값에 대한 역전환을 통해 다른 상태들보다 훨씬 큰 진폭을 갖게 된다. 쇼어의 알고리즘에서 a의 멱 수열의 주기를 얻으려면 반드시 양자 중첩을 이용해야 한다.

그러므로 쇼어 알고리즘의 첫 단계에서 0과 c 사이의 모든 수의 중첩을 큐비트로 등록한다. 이때 c는 2의 멱으로서 N보다 큰 수일 것이다. 동시에 두 번째로 입력되는 상태들은 $|0>$의 큐비트들이고(두 번째 입력이 왜 이렇게 되느냐 하는 것은 곧 알게 될 것이다), 다음으로 마구잡이의 수 a를 택하

는데 a는 N보다 작고 a와 어떤 공통약수도 가지면 안 된다. 이제 좀 더 앞으로 나아갈 준비가 된 셈이다.

그로버의 알고리즘처럼 여기에서도 함수를 계산할 오라클이 필요하다. 그로버의 경우에는 그 함수를 꼬리표함수라고 하였고 바로 함수 앞에 음의 부호를 붙였던 것을 기억할 것이다. 쇼어 알고리즘에서는 다음의 함수

$$a^x \bmod N$$

를 x의 모든 값에 대해 계산할 필요가 있다. 물론 여기서도 오라클을 만드는 문제보다 양자중첩을 만드려면 어떻게 하느냐가 주된 관심사이다. 그로버의 검색 알고리즘에서 오라클은 중첩상태에 있는 모든 값에 대해 병렬로 꼬리표함수를 계산할 수 있는데 쇼어 알고리즘에서도 이와 비슷한 방법을 사용한다. 즉 $a^x \bmod N$의 값을 계산할 때 x를 분리할 것이 아니라 모든 x값이 포함되도록 입력 레지스터에 중첩상태를 입력하고 오라클로 병렬 처리시킨다. 그리고 이 중첩의 결과를 바로 다음 두 번째 레지스터에 쓰도록 한다(처음의 상태는 $|00000 \ldots 0000>$이다).

수식을 써서 자세히 설명하자면 중첩상태에 있는 처음 레지스터는(지금은 규격화 상수를 잠시 무시한다)

$$|00 \ldots 0000>+|00 \ldots 0001>+|00 \ldots 0010>+ \ldots +|11 \ldots 1110>+|11 \ldots 1111>$$

이고, 두 번째 레지스터의 상태는

$$|00 \ldots 0000>$$

이다. 표기를 좀 더 간략화하기 위해 이진수보다 십진수를 이용하여 다시 쓰자. 그러므로 통합된 두 개의 레지스터의 처음상태는

$$|0>|0>+|1>|0>+|2>|0>+ \ldots +|c-1>|0>+c>|0>$$

이 된다. 이제 이러한 복합상태를 오라클에 수행시켜 보자. 오라클은 처음 레지스터로부터 x값을 취해서 $a^x \bmod N$를 계산한 다음 두 번째 레지스터

에 결과를 쓰는 것이다. 예를 들어 $a=7$, $N=15$이라면, 상태

$$|2>|0>$$

은

$$|2>|4>$$

로 출력될 것이다. 왜냐하면 $7^2 \bmod 15 = 49 \bmod 15 = 4$이기 때문이다. 중첩상태의 모든 상태를 계산한 결과는

$$|0>|1>+|1>|7>+|2>|4>+|3>|13>+|4>|1>+|5>|7>+ \ldots$$

이다. 기대한 바와 같이 두 번째 레지스터의 큐비트는 오라클의 함수 전체 값이 포함되어 있는 반면 처음 레지스터는 0부터 c까지의 값만을 저장한다. 그러나 두 번째 레지스터에 저장된 값을 직접 얻을 수 없다. 이들은 두 개의 레지스트에 얽힘상태로 있으므로 위의 상태를 첫 번째와 두 번째 레지스터 상태의 곱으로 나타낼 수 없다.

이러한 얽힘상태는 오히려 더 바람직한 방향으로 이용할 수 있다. 여기서 두 번째 레지스터에 대응되는 첫 번째 레지스터의 값은 하나가 아닌 여러 개라는 것을 알 수 있다. 예를 들어 두 개의 상태

$$|1>|7>$$

과

$$|5>|7>$$

은 두 번째 레지스터에서 같은 값이지만 첫 번째 레지스터의 상태들인 1과 5는 다른 값이다. $a^x \bmod N$ 함수는 주기적이며, 이러한 주기성은 x의 여러 다른 값들에 대해 같은 함수값으로 대응된다. 예를 들어 $x=1$로부터 얻은 주기가 q인 함수들

$$x=1+q, \quad x=1+2*q, \quad x=1+3*q$$

등은 정확히 같은 값을 나타낸다고 할 수 있다. 즉, 같은 함수값을 갖는 두 개의 연속적인 값 사이의 '간격'을 안다면 q가 얻어지고 알고리즘을 통하여 N의 인수를 발견할 수 있다.

그렇다면 과연 주기 q는 어떻게 구할 것인가? 우선 먼저 두 번째 레지스터의 특정 값에 대응되는 첫 번째 레지스터의 모든 x값을 골라내야만 한다. 그렇게 하려면 두 번째 레지스터를 측정해야 하는데 측정을 하게 되면 마구잡이의 결과를 가져온다. 측정 후에 두 번째 레지스터의 상태는 다음 상태들

$$|1>,\ |7>,\ |4>,\ \text{또는}\ |13>$$

중의 하나가 될 것이다. 그리고 이 상태들이 나올 확률은 모두 같다. 그러나 처음 레지스터의 값은 어떻게 되는가?

두 번째 레지스터에 대한 측정이 상태 $|7>$이 되었다고 가정해보자. 그러면 처음 레지스터는 7을 갖는 모든 상태의 중첩이 되어야 하므로 그 결과는

$$|1>|7>+|5>|7>+|9>|7>+13>|7>+|17>|7>+|21>|7>+\ \dots$$

이다. 처음과 두 번째의 레지스터들은 더 이상 얽힘상태가 아니지만 처음의 레지스터는 아직 중첩상태이다. 그 상태의 수열은 주기 $q=4$(연속적인 상태 사이의 차이값을 구한다)가 되지만 이 값은 직접 도움이 되지 않는다. 예를 들어 첫 번째 레지스터를 측정하지 않는다면 1, 5, 9, 13, 17 등은 같은 확률이 되어 어떤 정보도 얻어낼 수가 없게 된다. 물론 각 단계마다 측정을 하면서 여러 번에 걸쳐 수행시킬 수는 있다. 평균적으로 1, 5, 9, 13, 17 등에서 몇 개의 값이 나오면 그로부터 바로 주기값을 계산해낼 수 있다. 그러나 이런 과정은 매우 비효율적이어서 다른 방법을 강구하는 것이 낫다. 바로 이 때문에 푸리에변환을 고려할 필요가 있다.

8.3.3 주기값 구하기

푸리에변환(Fourier transform)을 통해 함수나 수열에서 주기를 알아낼 수 있음을 이미 언급한 바가 있다. 푸리에변환의 좋은 예로는 사람의 목소리나 악기의 음파를 분석하는 것이다. 예를 들어 클라리넷으로 연주되는 "a" 음은 440 헤르츠를 갖는 주파수만 있는 것이 아니라 다른 파가 섞인 복잡한 파들이다. 어떤 사람이 클라리넷의 음파의 형태를 오실로스코프로 보게 된다면 아주 복잡한 형태의 크고 작은 파동들을 보게 될 것이다. 이것은 서로 간섭하는 파들 때문에 나타나는데 이런 작은 파동 형태만 보고 포함된 여러 파들을 알아내기는 어렵다.

푸리에변환은 이런 클라리넷과 같은 복잡한 파동을 간단한 파(사인파와 같은 파동)들로 분석하는 것이다. 푸리에변환의 결과는 파동이 어떤 진동수로 이루어졌고 이러한 파들이 클라리넷과 같은 특이한 음을 내는 데 얼마나 기여하는가를 그림으로서 보여주게 된다.

푸리에변환은 양자 알고리즘에 의해 수행되며 쇼어의 소인수분해 알고리즘의 마지막 단계에서 꼭 필요하다. 푸리에변환을 양자 알고리즘을 통해 처음 레지스터에 적용하면 규칙적 간격인 |1 >, 5 >, |9 >, |13 등 상태들의 주기는

$$q = 4$$

로 간단히 나오게 되지만 이러한 소인수분해 알고리즘은 실제로 보통의 컴퓨터로도 효율적으로 처리해낼 수 있다.

위와 같이 푸리에변환은 양자 논리게이트를 선택적으로 사용할 수 있지만, 쇼어의 알고리즘에서는 반드시 양자논리가 사용되어야 된다. 오라클은 $a^x \bmod N$을 병렬로 처리할 수 있는 능력을 가지고 있으며 주기를 알고자 하는 첫 번째 레지스터의 수열은 두 번째 레지스터의 측정을 통해 알 수 있게 된다. 그러나 이 수열은 중첩상태에 있으므로 단 한 번의 측정으로 금방 주기성이 드러나지는 않는다. 주기를 얻기 위한 유일한 방법은 푸리에 알고

리즘에 전체의 중첩상태를 입력하는 것이다. 이때의 알고리즘은 물론 양자 논리여야만 한다.

한편, 쇼어 알고리즘에서도 그로버의 알고리즘과 같이 두 개의 레지스터가 필요하다. 왜냐하면 검색 알고리즘에서는 레지스터의 중첩상태에 대해 양자 논리연산이 정확히 예측된 횟수로 반복하다가 마지막에서 측정이 이루어지기 때문이다. 쇼어의 알고리즘은 다소 복잡한 편이다. 그 이유는 우선 양자 논리연산(오라클)을 수행하기 때문이다. 또한 주기적인 수열은 계

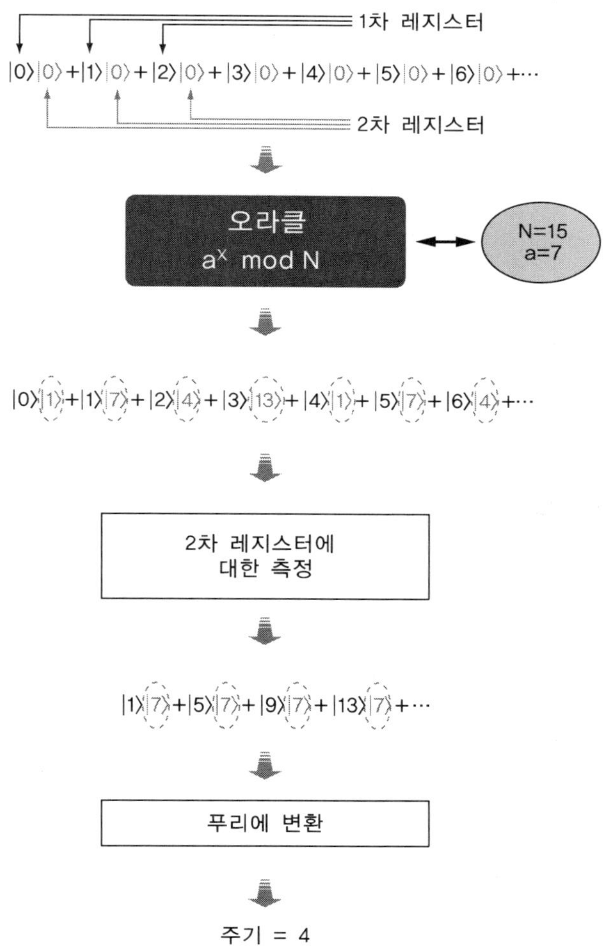

[그림 8.4] 쇼어의 소인수분해 알고리즘

속해서 중첩상태에 있으므로 하나의 레지스터만으로는 측정을 할 수가 없다. 따라서 오라클로 연산이 수행된 후에도 두 개의 레지스터가 얽힘상태에 있다면 서로 다른 상태가 된다. 그런 다음 두 번째 레지스터에서 측정이 이루어지고 처음 상태는 중첩상태로 남아 있을 수 있다. 쇼어의 알고리즘의 모든 과정에서 얽힘은 중요한 요소이다.

이제 오라클, 얽힘, 그리고 푸리에변환의 복잡한 넝쿨들을 좀 정리하면서 양자적 계산방법에 의한 소인수분해는 고전적인 계산보다 실제로 빠르다고 할 수 있는지 의문이 든다. $a^x \bmod N$의 모든 값은 병렬로 처리된다. 그러나 오라클에서는 푸리에변환 후에도 양자병렬성으로 작동되므로 주기를 구해내어 계산에 이용할 수 없으며 만일 주기가 홀수로 나오게 되면 다시 한 번 더 가동시켜야 한다.

이와 같이 양자 소인수분해 알고리즘이 고전적인 경우와 비교해서 훨씬 빠르다는 것을 한눈에 알아보기는 쉽지 않다. 그러나 수학을 이용하면(우리는 그렇게 하지 않을 것이다) 쇼어의 알고리즘에서 N의 소인수를 발견하는 데 필요한 연산의 횟수는 N의 자릿수에 따라 다항식적으로 증가한다는 것이 밝혀졌다. 반면에 고전적 알고리즘은 지수함수적으로 증가하게 된다.

8.3.4 RSA 암호

6장의 끝에서 언급하기로 했던 "양자컴퓨터가 현재의 비밀 암호를 얼마나 무용지물로 만들 수 있는지에 대해" 여기서 잠시 논의하기로 하자. 사실 이에 대한 답은 이미 알려진 것과 다름없다. 비밀이 바로 소인수에 있다. 여러분이 큰 수를 소인수분해할 수 있다고 하자. 그러면 보통 대부분은 가장 공개적인 키, 예를 들어 RSA 키를 이용하여 그 비밀을 해독하려고 할 것이다.

RSA 양자암호 프로토콜은 론 리베스트(Ron Rivest), 아디 사미르(Adi Shamir)와 레너드 아들레만(Leonard Adleman) 등에 의해 처음으로 고안된 일종의 비대칭 키인데 수학 연산이 한 방향으로는 쉽고 반대 방향일 경우에는 매우 어렵게 되는 원리를 이용하여 만든 이론이다. RSA의 작용을 간단히 말하면 다음과 같다. 앨리스로부터 메시지를 받기를 원하는 밥은 두 개의 큰 소수를 취하여 그들의 곱을 계산하여 앨리스에게 보낸다. 앨리스는 그것을 사용하여 그녀의 메시지를 암호화한다. 암호화된 메시지를 받은 밥은 그것을 소수에 대한 정보를 사용하여 다시 해독한다. 만일 이브가 이런 암호화된 메시지를 가로채면 그들의 곱을 얻게 되지만 그 곱을 소인수분해하지 않는 한 그녀는 그 메시지를 해독할 수가 없다. 이브가 가진 그 곱이 너무 큰 수이면 소인수분해하는 것은 영원한 시간이 걸릴지도 모르기 때문이다. 그러나 만일 이브가 양자컴퓨터를 가지고 있다면 그녀는 이 곱을 빠른 속도로 소인수분해해서 효율적으로 이 메시지를 완전히 해독할 수 있게 된다.

완벽한 RSA 프로토콜을 만들려면 약간 복잡하지만 여기에 포함된 수학은 이미 앞의 쇼어의 알고리즘에서 논한 바 있다.

1. 밥은 2개의 소수들인 p와 q를 취해서 그들의 곱 $N = p * q$를 얻는다. 밥은 이 곱 $P = (p-1) * (q-1)$를 계산하고 P와 공약수를 갖지 않는 다른 수 c를 선택한다. 마지막으로 밥은 수 d를 계산한다. 여기서 d의 특성은 다음과 같다. d에 c를 곱하고 P에 의해 나누면 d의 나머지는 1이 된다. 이 특성을 기호화하면

   $$cd = 1 \bmod (p-1)(q-1)$$

   이다. 여기서 밥은 직접 곱에 연결되는 3개의 소수를 가지게 되는데 소수에 대한 어떤 정보가 없는 한, 즉 N을 소인수화하지 않는 한 그 수들은 도청자들에게는 완전히 쓸모없는 수들이다.

2. 밥은 수 N과 c를 앨리스에게 보안되지 않은 보통채널로 보낸다. 이러한 두 수들을 '공개키(public key)'라고 하는데 앨리스(또는 밥에게 메시지를 보내기를 원하는 사람)는 이것을 이용하여 암호화한다. 만일

우리가 이 메시지를 m (N보다 작은 수로서 그렇지 않은 경우는 도식이 성립되지 않는다)이라 한다면 암호화된 메시지 e는 다음과 같다.

$$e = m^c \bmod N.$$

앨리스는 암호화된 메시지를 다시 보통채널을 통해 밥에게 보낸다.

3. 앨리스의 메시지를 해독하기 위해서 밥은 다음의 연산을 수행한다.

$$m^d \bmod N$$

이 결과는 바로 앨리스가 암호화한 m의 메시지이다.

이런 추상적 도식을 좀 더 구체적으로 예를 들어보자. 실제에서는 프로토콜 통신의 안전을 위해서 매우 큰 수를 사용하겠지만 우리의 예에서는 작은 수들을 사용하기로 한다. p와 q로 소수 3과 7을 택하면 그들의 곱은 $N = 3*7$이고 $P = (3-1)*(7-1) = 12$이다. 지금 $c = 5$를 택한다면 5는 12와 공통 인수를 갖지 않는다, 그러면 $P = 12$에 의해 $5 * d$를 나누어서 나머지가 1이 되는 d를 구할 수 있다. 시행착오 방법을 통해서 구하면 $d = 5$가 된다. 지금 앨리스의 메시지를 m으로 암호화해보자. 예를 들어 메시지가 이진수로

$$m = 0100$$

이라면, 10진수로는 $m = 4$일 것이다. 그러면 밥에게 보내는 암호화 메시지는

$$e = m^c \bmod N = 4^5 \bmod 21$$

이고, $4^5 = 1024$이므로 $1024/21$을 계산하여 48과 남는 나머지 수는 16이 되므로 $e = 16$이다.

16은 앨리스가 밥에게 보내는 암호화된 메시지이다. 원래의 메시지로 복원시키려면 밥은

$$e^d \bmod N$$

를 계산하여야 한다. 이 경우에는 $e^d = 16^5 = 1040576$이 되며 모듈 N을 취하면 이것은 4가 된다. 즉 최종적으로 비밀암호를 해독하게 된다.

우리의 예에서도 도청자가 영리하다면 곱 $N = 21$을 알기만 하면 메시지를 해독하는 데 필요한 d의 값을 곧바로 계산해낼 것이다. 만일 도청자가 양자컴퓨터를 가지고 있다면 수백 개의 자릿수를 갖는 수 N의 소인수를 구하는 일도 오래 걸리지 않을 것이다. 따라서 RSA 코드는 깨기가 매우 쉽다.

그러나 지금 열거한 사항들은 아직은 단순히 이론일 뿐이다. 위와 같이 비슷하게 암호코드를 깨는 것이나 거대한 데이터베이스를 찾는 일들은 반드시 가까운 미래에 이루어질 것이다. 어쩌면 이미 일어나고 있는 일인지도 모른다. 이것은 다음 9장에서 더 알아보기로 하겠다.

08장

양자컴퓨터의 표본

미래의 양자컴퓨터는 어떻게 만들까?

깨기 어려운 암호를 푼다거나 엄청난 데이터베이스를 순식간에 검색하는 등의 양자컴퓨터의 가능성은 듣기만 해도 들뜨게 한다. 그러나 실제로 그런 양자컴퓨터가 지금 존재하는 것은 아니다. 적어도 아직은 아니다. 7장의 처음에 2001년 소수의 분자들을 가지고 "$15 = 3 \times 5$"의 소인수분해를 양자컴퓨터가 처음으로 해냈다는 신문기사를 소개한 바가 있다. 8장에서는 소인수분해의 중요성과 양자컴퓨터가 왜 소인수분해를 빨리 수행하는지 그리고 양자컴퓨터가 할 수 있는 것이 무엇인지에 대해 알아보았다. 어떤 획기적인 변화를 만든다는 것은 아무나 할 수 없는 위대한 일이다. 따라서 2001년의 사건은 '역사적'이라 하겠다. 모든 것은 끊임없이 진화하는 것이 자연의 법칙인데 이제 다가올 실제적인 양자컴퓨터는 어떤 모습일까? 이것은 단언하여 말하기가 어렵다. 왜냐하면 지금까지 어느 누구도 수백, 수천의 큐비트나 되는 양자컴퓨터를 만드는 방법을 알아내지 못했기 때문이다. 그러나 지금 전 세계에 있는 많은 과학자들이 그 일에 매달리고 있다. 누가 알겠는가? 그 돌파구를 뚫는 일이 그리 멀지 않았는지 모른다.

이 장에서는 양자컴퓨터가 어떻게 만들어지는지 '하드웨어'적인 방향에서 접근하기로 하자. 양자컴퓨터에 대한 현재의 상황은 역설적인 면이 있다.

1970년 말, 아직 1킬로바이트의 메모리의 초창기 가정용 컴퓨터가 출시되었을 때 소수의 몇 사람들은 '윈도우' 구동 체계를 위해 이삼십만 라인 정도의 프로그래밍 코드를 제안하였다. 극히 일부 사람들만(적어도 암호를 읽을 수 있거나 이해하는 전문가들) 이것에 동의하였을 뿐 대부분의 사람들은 A4 용지의 분량 정도 내용만 유지할 수 있는 하드웨어에 매끄러운 구동을 위해서 이삼백 메가바이트의 메모리를 차지하는 구동시스템과 수십 MHz에 해당하는 동작주파수의 장착은 불필요하다고 지적하였다(실제로 만일 유행이 이삼 년이 지난 컴퓨터로 최신 윈도우 버전을 장착해보려 했다면 이 상황에 대해 어림할 수 있을 것이다).

현재 양자컴퓨터에서도 비슷한 현상이 일어나고 있다. 연구자들은 매우 강력한 소프트웨어를 제안하고 있지만 하드웨어가 소프트웨어를 따라갈 수가 없는 상황이다. 과거에 고전컴퓨터에서는 하드웨어의 기술이 소프트웨어의 기술을 곧바로 따라잡았다. 그렇다고 양자컴퓨터도 앞으로 10년이나 20년 이내에 하드웨어가 소프트웨어를 따라잡을 것이라고 예측할 수는 없다. 양자컴퓨터는 20년보다 더 길게 걸릴지도 모르고 또는 더 빨리 일어날 수도 있다. 지금 이 시점에서는 아무도 단언할 수가 없다. 다만 우리가 말할 수 있는 것은 실리콘 칩을 기초로 한 '고전적' 컴퓨터는 더 이상 계속해서 강력해질 수가 없다는 것이다. 왜? 그 대답이 양자 세계에 있다고 해도 새삼 놀랄 일은 아니다.

9.1 무어의 끝

30여 년 이상 동안 무어의 법칙(Moore's law)은 계산의 진보를 설명하는 법칙으로 알려졌다. 이 법칙은 대략 매 18개월마다 칩의 메모리소자와 논리게이트가 2배가 된다는 법칙이다. 만일 어떤 양이 규칙적인 간격으로 2배가 되면 지수함수적 증가를 의미하는데 이 계산으로 하면 30년 안에 칩의 소자의 수는 대략 2^{20}, 즉 백만 정도로 늘어난다는 결론이다. 1981년의 ZX81 가정용 컴퓨터가 1킬로바이트의 메모리칩을 장착하였는데 비해 오늘날에는 대부분 1기가바이트 메모리가 표준이다. 그렇다면 20년이나 30년 안에 백만 기가바이트가 표준으로 될 수 있는가? 아마도 현재에 사용되는 기술로 보아서는 가능성은 없다. 그 이유로는 두 가지를 들 수 있다.

첫 번째 이유는 칩의 크기를 무한히 작게 만들 수 없다는 것이다. 일정한 크기의 칩에 더 많은 단위의 메모리(기본적으로 아주 작은 트랜지스터를 말한다)를 넣으려면 칩의 단위를 더욱 작게 만들어야 한다. 이것을 석판(lithography)이라 부르는데 말 그대로 석판이란 '돌에 쓰거나 새기는' 방법이라고 생각하면 된다. 오늘날 이런 방식으로 실리콘 칩에 들어가는 트랜지스터와 선은 이미 2-3나노미터($nm = 10^{-9}m$)의 작은 크기이다. 이 크기는 현재보다 더 작아질 수 있으며 칩의 어떤 소자들은 단지 두세 개 원자들의 지름을 합한 너비 정도까지 될 것이다. 그러나 기술을 더 발전시킨다 하더라도 그 이상 크기를 축소시키는 것은 불가능하다고 하겠다.

두 번째 이유는 한 개의 원자로 된 소자가 작동되기도 전에 이미 양자효과는 칩의 회로소자들의 특성을 압도하게 만든다. 따라서 트랜지스터의 작동은 양자역학의 법칙을 따라야 함에도 현재의 컴퓨터칩은 '고전적인' 기계로 작동할 뿐이다. 전류는 컴퓨터 안에서 흐르고 트랜지스터는 "0"과 "1"을 전환시킬 뿐, 중첩과 얽힘 현상은 무시된다. 트랜지스터가 단지 두세 개의 원자로 구성되고 아주 적은 수의 전자만이 도선(소수 원자들 정도의 너비에 해당한다)을 따라 흐른다면 더 이상 양자역학적인 효과를 무시할 수 없다.

9.2 디빈센쪼 기준

현재 과학자들이 연구하는 양자컴퓨터 하드웨어의 예를 소개하기 앞서서 양자계산에 필요한 하드웨어의 일반적 특성에 대해 잠깐 살펴보기로 하자.

1998년 IBM에서 연구원으로 있던 데이비드 디빈센쪼(David Divincenzo)는 양자컴퓨터 하드웨어가 갖추어야 할 5가지 기준을 제시하였다. 디빈센쪼에 의하면 그 요건은

- 명확한 큐비트로서 확장이 가능한(scalable) 물리량일 것
- |000....000 > 과 같은 상태로서 초기화될 것
- 결맞음 특성이 없어지는 시간이 충분히 길 것
- 전체가 양자게이트로 이루어질 것
- 높은 양자효율성을 가지며 측정할 때 큐비트 특성이 나타날 것

등이다. 이러한 기준의 제일 첫 번째는 명확성이다. 많은 큐비트를 갖는 양자컴퓨터를 만들기 위한 물리적인 계(system)의 요건은 다음과 같다. (a) 큐비트를 구현할 수 있어야 한다. (b) 충분히 많은 수의 큐비트가 있어야 한다. 실제로 (a)의 기준은 정확히 제시될 수가 없다. 양자컴퓨터란 양자효과에 달려 있으며 일상생활에서 그런 효과는 거의 나타나지 않는다. 물리적인 계가 양자효과를 가지려면 큐비트가 될 입자 크기가 매우 작아야 한다. 그래야만 큐비트는 양자역학의 법칙을 만족할 것이다. 이를테면 광자나 전자나 원자들 정도의 크기가 되어야 할 것이다. (b)의 기준과 같은 큐비트는 몇 개 정도로만 성공했을 뿐 현재 수십 또는 수백 개의 큐비트로 확장하는 것은 불가능하다. 따라서 확장성(saclability)은 앞으로 양자계산의 실현에서 풀어나가야 할 가장 중요한 요소이다.

디빈센쪼의 두 번째 기준은 분명해 보이지만 실제는 단순하지 않고 매우 어려운 문제에 속한다. 계산을 수행하기 위해 예를 들어 인수분해를 하려면 먼저 입력할 수 있는 '공백상태'를 가지고 있어야 한다. 이것은 보통의 컴퓨터에서 단순하게 메모리를 비우는 것을 의미하며 각 메모리의 요소에 "0"을 쓰는 것과 같다. 그러나 양자적인 경우에 실제로 각각의 큐비트가 양자상태 |0 > 에 있는지 확인하려면 기술적인 처리가 요구된다.

세 번째의 기준은 결맞음 특성이 없어지는 시간(즉, 결잃음 시간; decoherence time)이 길어야 한다는 것이다. 양자컴퓨터의 능력은 양자역학적인 중첩과 얽힘상태에 의해 결정된다고 할 수 있다. 이런 역학적인 중첩과 얽힘상태는 간섭 현상을 만들어 병렬로 계산과정을 처리하게 만들며 최종적으로 보강간섭을 통해서 "제대로 맞는" 결론에 도달하게 한다. 만일 중첩상태가 어떤 경로를 통해 손상되거나 심지어 완전히 사라지면 간섭효과를 잃어버리므로 결국은 $|0>$과 $|1>$ 상태와 같은 단일 양자상태로 된다. 그렇게 되면 이 강력한 기능을 갖는 장치는 아무 소용이 없으며 최적의 상태로 양자효과를 사용하도록 고안된 알고리즘도 무의미하게 되어 버린다.

그러면 도대체 결맞음특성이 없어지는 시간은 어느 정도가 적당한 것일까? 수초, 수분? 아니면 천분의 일 초라면 충분한 시간일까? 이는 경우에 따라서 다르다. 계산을 수행하는 시간 또는 그 시간의 일부에 달려 있다고 할 수 있다. 양자적인 계산은 많은 양자 논리게이트로 이루어지게 되며 그 모두는 간단한 방정식으로 요약된다. 만일 이러한 결맞음특성이 없어지는 시간을 $t_{\text{결잃음}}$이라 하고 $t_{\text{게이트}}$는 양자 논리게이트를 통해 상태를 수행하는데 걸리는 시간(즉, 게이트 시간)이라고 하자. 만일

$$t_{\text{결잃음}} > t_{\text{게이트}}$$

이라면 양자계산은 이루어질 수 있다. 전쟁에서 싸우고 있는 비트 같다고나 할까? 그 어느 누구도 영원히 싸울 만큼 강하지는 못하다. 단지 적보다 조금만 더 오래 버텨주는 것으로 충분한 것이다.

그렇다면 이제 게이트시간이 얼마일까 하는 것이다. 우리가 알고 있듯이 랩탑 컴퓨터는 논리연산을 주 프로세서에 내장된 시계에 의한 빠르기 비율로 처리한다. 시계가 매번 똑딱일 때마다 AND, OR, NOT 논리들이 수행되고 다음의 똑딱거림 전에 정보를 저장하게 된다. 최근의 시계 사이클은 일의 천만분의 일 정도의 빠르기이다. 이 시간 안에 전자들은 회로의 어떤 한 부분에서 다른 쪽으로 움직이고 트랜지스터에 의해 스위치가 켜지고 꺼지게 된다. 그렇다면 양자컴퓨터라면 어떻게 될까? 양자상태로 CNOT 게이트

를 수행하는 데 얼마나 걸릴까?

양자게이트의 수행시간도 큐비트가 어떤 형태의 물리계인가에 달려 있다. 예를 들어 큐비트는 구체적으로 입자의 스핀이나 또는 광자의 편광상태 등으로 구성될 수 있다. 양자상태를 제어하려면(정확하게 양자 논리게이트가 어떻게 작용되는 가와 관계된다) 어떤 형태이든 계에 영향을 미치는 작용이 있어야 한다. 이 작용이 경우에 따라서 전기장이나 자기장, 빛이 될 수 있고, CNOT 게이트에서는 두 큐비트 사이의 상호작용이 되기도 한다. 이러한 큐비트에 영향을 주는 외부 작용들이 양자게이트의 수행속도를 결정짓는다. 9장에서 대하게 될 양자컴퓨터의 '표본'들은 게이트 시간이 나노초(nano-second, 10^{-9}초)만큼 짧은 경우도 있고 천분의 일 초 정도로 긴 시간도 있다. 따라서 계들의 결맞음특성이 없어지는 시간은 나노초부터 수초가 된다. 계에서 중첩상태가 사라지기 전에 양자 논리연산을 수행하면서 이 시간 사이의 적당한 시간을 포착해야 하는 것이다.

마지막으로 디빈센조의 다섯 번째 기준은 효율이 높게 큐비트 특성을 측정하려면 꼭 필요한 조건이다. 여기서 '높은 효율'이란 측정할 때 실제적인 반응을 얻을 가능성이 높다는 것을 의미한다. 이 비슷한 기준들은 양자암호학에서도 볼 수 있다. 예를 들면 광검출기에 도달되는 광자들은 레지스터에 저장될 확률이 높아야 한다. 이와 같이 양자계산의 마지막으로 나오는 결과는 큐비트를 측정함으로써 읽어들이는데 이때 측정결과가 제대로 나오지 않으면 헛수고인 셈이다. 그리고 '큐비트적 특성'이란 예를 들면, 만일 누군가가 10개의 큐비트로 이루어진 양자컴퓨터로 큐비트 번호 5의 상태를 읽어들이고 싶다고 할 때 분명히 4나 6이 아닌 5의 번호에 해당하는 특정한 큐비트의 상태를 읽어내는 것을 말한다. 당연한 말로 보이지만 실제적으로 커다란 장애를 만드는 요소이다.

9.3 다양한 물리계에서의 큐비트

다빈센쪼의 기준을 요약한다면 양자컴퓨터를 만들기 위해서는 계가 충분히 오랫동안 양자상태로 유지해야 하며 이 물리적인 계를 합리적으로 다룰 수 있어야 한다는 것이다. 지난 15년 동안 많은 연구자들이 큐비트의 모형으로 여러 물리계를 제시하였는데 각각의 경우 모두 장단점을 가지고 있다. 일반적으로 그들을 두 개의 부류로서 구별하면

- 양자입자(원자, 광자 등의 입자)들을 기본으로 한 큐비트들
- 양자로 거동을 나타내는 거대 구조의 큐비트들

이다. 첫 번째 부류는 원자나 양자가 기본적으로 양자적 거동을 한다는 사실을 이용한 것이다. 예를 들어 원자의 에너지준위들이 양자화되었다거나 광자의 편광이 양자역학적인 법칙에 따라 움직인다는 것을 이용한 것이다. 원자나 광자를 큐비트로서 이용할 때 겪는 어려움 중의 하나는 그 입자들을 구별해내고 정확하게 제어하는 부분이다. 원자나 광자들을 제어하는 것은 상당히 어려운 일이다. 보통 원자들은 다른 원자와 함께 운동하면서 충분한 거리가 떨어져 있지 않을 때는 고체나 액체상태가 되어버리기도 하며 또 기체상태에 있을 때는 너무 빨리 움직여서 통제가 어렵다. 광자들은 원자보다도 더 제어가 더 어려운데 광자는 항상 빛의 속도로 움직이며 결코 정지해 있지 않기 때문이다.

두 번째 부류에서는 최초로 시작되었던 집적회로의 구조를 기초로 하여 양자적 거동이 나타나도록 큐비트를 시도해보는 것이다. 분명히 쉬운 일은 아니다. 왜냐하면 사람이 만든 구조들은 대부분 원자보다 크기가 훨씬 커서 양자역학적 효과가 거의 잘 나타나지 않기 때문이다. 그리고 양자역학적인 효과가 있다 하더라도 매우 작게 나타나는데 그 이유는 다른 부분에서 양자현상을 교란시키거나 양자중첩을 상쇄시키는 효과가 생기기 때문이다.

이러한 문제점이 있음에도 굴하지 않고 과학자들은 '양자'들을 이용하여

큐비트를 만드는 연구를 하고 있다. 그 몇 가지의 예들을 소개하기로 한다.

9.3.1 전자 트랩 속의 이온들

오스트리아의 이론물리학자 피터 졸러(Peter Zoller)와 그의 동료인 스페인의 물리학자 이그나찌오 씨락(Ignacio Cirac)은 1995년 학술지에 이온트랩을 이용한 양자컴퓨터의 큐비트에 대한 논문을 게재하였다. 그것은 불과 4페이지 분량밖에 안 되었지만 이 논문은 많은 물리학자들이 몇 년 동안 고심을 해왔던 연구 분야에 활기를 불어넣는 계기가 되었다. 이 논문에서 두 과학자는 전기장을 이용하여 이온을 제어함으로써 양자컴퓨터의 큐비트를 제안하였다. 이온상태란 원자가 한 개나 두 개 이상의 전자를 잃은 상태이거나 더 많은 전하를 받아들인 상태를 말하는데 이 이온들이 전하를 띠게 되면 전기장을 사용하여 제어할 수 있게 된다. 큐비트를 실현시킬 수 있는 양자상태는 이온의 에너지 스펙트럼에서 얻어낼 수 있다. 이온의 에너지 스펙트럼은 중성원자의 스펙트럼과 다르지 않다.

큐비트로서 이온을 선택한 것은 자연스런 아이디어로 보인다. 이온들은 일정한 위치에 '접촉'되지 않은 채 전기장으로 제어되므로 교란될 염려가 없기 때문이다. 따라서 양자상태들은 큐비트의 $|0>$과 $|1>$로서 선택될 수 있

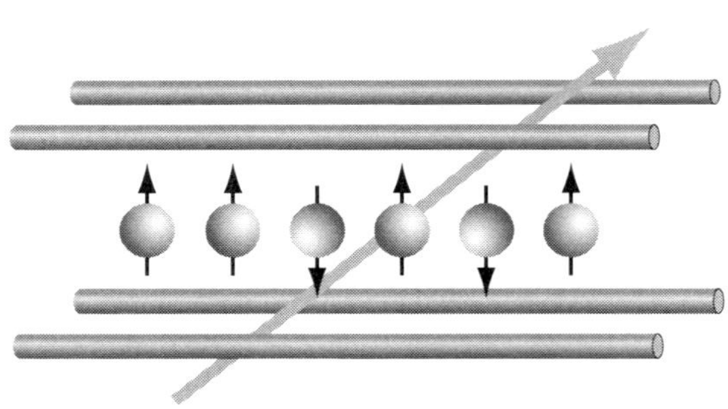

[그림 9.1] 전기적 트랩을 이용한 양자컴퓨터. 큐비트의 상태 $|0>$과 $|1>$ 상태들을 아랫방향과 윗방향의 화살표로 표시한다. 각각의 큐비트들은 제어될 수 있고 레이저빔을 사용하여 읽어들이게 된다.

다. 이러한 양자상태들은 결잃음될 때까지 충분한 시간 동안 큐비트 상태로 유지할 수 있다. 이러한 이온트랩의 방법은 수년 간 연구되었으며 결국 원리적으로 가능함이 입증되었다.

이온트랩 양자컴퓨터에서는 이온들은 폴(Paul) 트랩 내부에 전기장에 의해 유지된다. 전기장을 사용하여 어떤 방향으로 이온들을 밀고 당기는 것은 쉽지만 입자들을 '잡거나' 특정 위치에 계속적으로 정지시키는 것은 쉬운 일은 아니다.

1) 이온트랩은 어떻게 작동되는가?

1860년대 제임스 맥스웰(James Maxwell)은 전기장을 수학적으로 기술하였는데 전기장의 제어가 어려운 점은 이미 알려진 바였다. 맥스웰은 어떤 공간에 놓인 대전된 입자가 원래 위치로 되돌아가는 힘이 작용하도록 공간에 따라 변화하는 전기장을 만드는 것은 불가능하다고 하였다. 즉, 대전입자는 전기장이 있는 공간에서 반드시 탈출하게 되어 있다고 할 수 있다. 이와 같이 대전입자를 어느 공간에 가두기가 원리적으로 어려움이 있음에

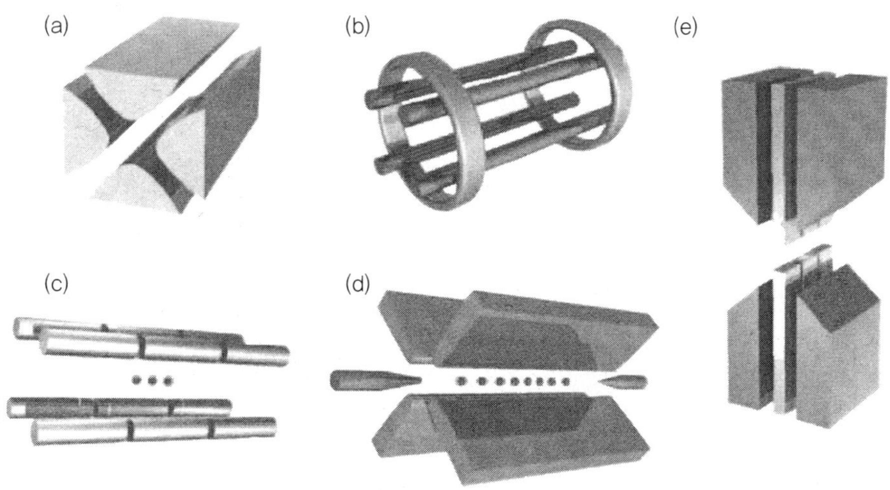

[그림 9.2] 여러 다른 형태의 이온트랩들. [출처 : R. Blatt(2005) – 허가를 받고 인쇄함.]

도, 다음과 같은 방법을 사용함으로써 가능하게 되었다.

그 방법으로는 4중극을 갖는 정전기장을 이용하여 대전입자를 가두는 전기적인 '새장'을 만드는 것이다. 근본적으로 볼 때 그와 같은 전기장의 모양은 앞뒤에서 보면 말안장과 같아 보인다. 입자 위치에서 보면 위쪽으로 경사진 전기장이 작용하므로 입자가 위쪽으로 움직일 때 아래로 미는 힘 때문에 되밀쳐서 진행하지 못한다. 그러나 좌우 방향으로는 경사가 아랫방향을 향하므로 짧은 순간 대전입자는 한 면으로 미끄러지게 되면 영원히 사라질 것이다. 따라서 이런 일이 일어나지 않도록 충분히 빨리 이 안장을 회전해 주면 되는 것이다.

입자가 한 면으로 미끄러지기 전에 안장은 4분의 1이 회전되고 그러면 아랫방향의 경사는 윗경사면으로 바뀌게 된다. 그러므로 입자는 다시 아랫방향의 경사진 쪽으로 미끄러져 가게 되지만 입자가 미처 미끄러지기 전에 다시 말안장을 회전시킨다. 이처럼 회전을 계속 유지시키면 윗방향과 아랫방향의 경사는 계속 교대로 바뀌게 된다. 만일 안장이 충분히 빨리 회전한다면 입자는 안장 내부의 중심에 거의 근접한 상태로 있을 수 있고 안정된 위

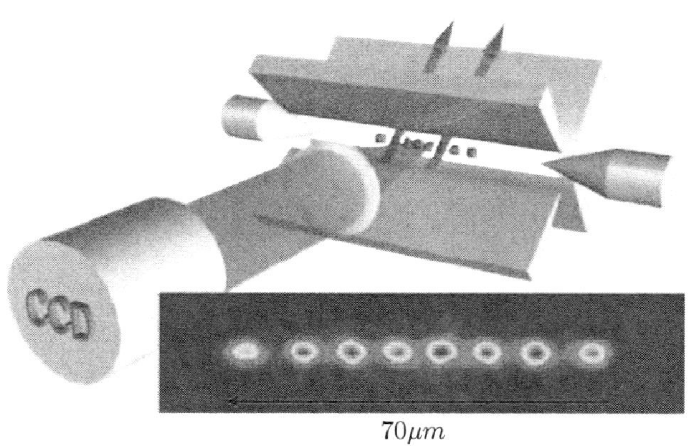

[그림 9.3] 선형 폴 트랩에 갇힌 이온들. 각 이온들은 레이저빔으로 위치를 알 수 있으며 CCD 카메라의 형광빛을 통해 관찰할 수 있다.
[출처 : R. Blatt(2005) – 허가를 받고 인쇄함.]

치를 중심으로 약간만 진동하는 형태가 되는 것이다.

이온이 성공적으로 이온트랩에 갇혀진다고 해서 양자계산을 할 준비가 된 것은 아니다. 이온들은 보통 상온에서 기체상태로 포획될 때 상당한 에너지를 갖는다. 이온들은 전기장의 트랩 내에서 사나운 맹수처럼 심한 요동을 친다. 이온들을 정교하게 잘 다루려면 이온들을 가능한 범위에서 안정된 정지 상태로 만들 필요가 있다. 또한 이온트랩 실험은 초고진공 환경(공기분자가 이온트랩에 튀는 것을 방지하고 이온들이 트랩에서 거의 움직이지 못하도록 하기 위해)에서 이루어지기 때문에 이온들을 냉각시키기 위해 단순히 냉장고에 넣을 수도 없는 노릇이다. 이온들은 부딪치는 요동이 전혀 없이 매우 낮은 온도로 냉각시킬 필요가 있다. 어떻게 하면 가능할까?

2) 이온들을 냉각시키기

이온들을 냉각시키기 위해 레이저를 이용한다. 이 냉각방법은 보통 두 단계를 거쳐서 이루어지는데 처음 단계는 도플러 냉각 방식에 의한다. 도플러 냉각은 특정 파장의 레이저빛에 이온들을 노출시켜 냉각시키는 방법으로 다음 절에서 자세히 다루어보기로 하자. 이 절에서는 두 번째 단계를 먼저 설명하기로 하겠다. 두 번째 단계에서도 레이저를 사용하지만 여기서 중요한 역할을 하는 것은 트랩에 갇힌 이온들의 양자화 과정이다.

보어의 원자모델에서 핵 주위의 전자 궤도는 양자화되어 일정한 에너지를 갖는 궤도만이 허용된다는 것이 알려져 있다. 이 허용된 궤도들은 핵 주위에 동심원을 이루는데, 만일 전자가 다른 에너지 궤도로 '도약'하게 되면 그 궤도 에너지 차이만큼 전자기 복사가 일어나게 된다. 이러한 전자기 복사가 이온트랩에서 이온이 포획될 때에도 일어나게 된다.

이온이 트랩에 포획될 때 앞뒤로 흔들리는 진동이 나타나는데 이 진폭의 크기는 대략 사인함수에 해당한다. 그러므로 이온들의 운동은 용수철이나 단진자에 의한 진동과 유사하다고 할 수 있다(정지한 위치에 대한 용수철이나 단진동 왕복운동의 진폭이 매우 작다고 가정한다). 이런 형태의 운동을 단조화운동이라 부르며 단조화운동을 하는 물체를 단조화진동자(harmonic oscillator)라고 한다. 단진자들은 고전적인 경우에는 임의의 진폭을 가질 수 있지만(또는 완전히 정지해 있지만), 양자역학에서 진폭이 양자화된다.

이러한 과정을 그림 9.4에서 알기 쉽게 나타내었다. 단조화진동자의 에너지는 포물선의 형태인데 일정한 간격의 사다리 형태(보어 모델의 에너지형태는 에너지준위 간격이 변하는 반면 여기서는 일정하다는 것이 다르다)의 에너지준위가 나타나 있다. 보어 모델이 가장 낮은 허용 에너지가 있는 것처럼 단조화진동자에서도 '영점 에너지(zero energy)'라 불리는 기저상태가 존재한다. 따라서 입자는 완전한 정지상태로 존재할 수 없으며 항상 약간의 진동이 있게 된다. 이것은 하이젠베르크의 불확정성 원리로 설명될 수 있다. 만일 입자의 진동이 작아진다면 그 입자의 위치를 정확히 알게 되지만 결국은 운동량이나 에너지에 대한 정보를 거의 잃어버리게 된다. 에너지의 불확정도가 더 커졌다는 것은 더 많은 에너지를 갖는다는 의미이기도 하다.

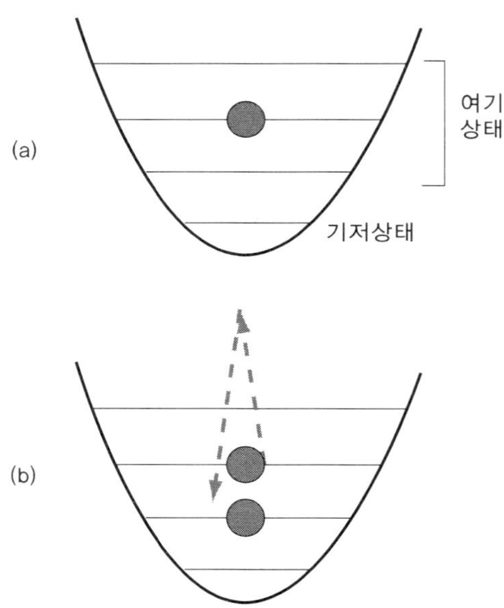

[그림 9.4] (a) 트랩 내부의 이온들의 양자화된 에너지준위, (b) 이온을 냉각시키기 위해 레이저를 쪼여주면 이온은 여기상태로 되었다가 더 낮은 에너지준위로 떨어지게 된다.

따라서 최소의 에너지는 사다리형태의 양자화된 에너지의 가장 낮은 단계라고 할 수 있다.

어떤 이온이 사다리형태의 에너지준위의 세 번째 단계에 있다고 상상해 보자. 그 이온이 제일 낮은 단계로 내려가려면 두 단계에 해당하는 만큼의 에너지를 방출해야만 한다. 보어 모델에서는 원자가 광자를 방출하면서 에너지가 낮은 단계로 되었지만, 이온트랩의 단조화진동자에서는 그러한 광자의 방출이 일어나지 않는다. 따라서 이온에 레이저빛을 쪼여서 중간 여기단계를 거쳐 더 낮은 준위로 떨어지게 한다. 즉 원자들의 전자가 여기상태로 되었다가 더 낮은 단계로 내려가게 하는 것이다. 이 과정을 여러 번 충분히 반복하게 되면 단조화진동자의 가장 낮은 에너지상태로 도달될 수 있다.

3) 이온트랩(ion-trap)에 의한 실험

이온트랩을 사용한 양자 논리게이트[26]는 1995년에 처음으로 미국 콜로라도 볼더(Boulder)에 있는 국립표준 연구소(NIST)의 데이브 윈랜드(Dave Winland)의 실험실에서 이루어졌다.[27] 이 실험에서는 단일 이온트랩을 사용함으로써 CNOT 게이트를 구현하였다. 이 CNOT 게이트는 제어와 표적의 두 개 큐비트를 사용했는데 이 큐비트는 제어상태가 $|1>$일 때 표적상태가 변하게 되어 있다. 그래서 윈랜드와 그의 팀원들은 제어와 표적 큐비트로 같은 이온이 갖는 다른 특성을 이용하였다.

가장 용이하게 제어할 수 있는 이온의 양자화 특성은 이온트랩 내의 이온의 진동상태와 핵 주위를 도는 어떤 전자의 에너지준위들이었다. 따라서 그들은 이온의 에너지준위를 표적 큐비트로, 이온의 진동상태를 제어큐비트로 갖는 CNOT 게이트를 구현하기 위해 이온의 운동과 에너지준위 연구에 전력을 기울였다.

---

26) C. Monroe 외(1995).
27) D. Leibfried 외(2003a).

이와 같이 단일이온에 의한 이온트랩 양자계산은 1990년대 이후 꾸준히 연구에 진척을 보였다. 2003년 인스부룩 대학의 씨락과 졸러는 독창적인 형태의 CNOT 게이트를 실현시켰다. 여기서는 CNOT 게이트가 레이저빔을 통해 각각 추적될 수 있도록 두 개의 트랩으로 이루어졌다.[28] 이 트랩에서 이온들은 겨우 5 μm 정도의 간격으로 떨어져 있으며 2 μm 정도의 파장의 레이저빔을 통해 각 이온의 내부 양자상태가 바뀌게 된다. 즉, 정해진 시간 동안 레이저빔을 이온에 노출시킴으로써 이온들의 상태를 $|0>$에서 $|1>$로 바꾸거나 반대로 전환시킬 수 있으며 또한 두 상태의 중첩을 만드는 것이 가능하였다. 처음의 이온상태에 따라 두 번째 이온의 양자상태를 변화시키려면 1995년에 윈랜드가 이미 사용했던 유사한 방법을 이용하여야만 한다. 그러나 지금은 그때와 달리 단일 이온의 진동상태가 아닌 양쪽 이온 모두의 공통적인 진동운동을 다루어야만 한다.

한편 이온트랩의 양자컴퓨터에 대한 간단한 양자알고리즘이 물리학자들에 의해 처음으로 고안되었다. 2003년에 인스부룩 대학에서 만든, 단일트랩의 이온에 사용할 수 있는 도이치 알고리즘(Deutsch Algorithm)이 바로 그것이다.[29] 여기서도 이온의 내부에너지 상태와 트랩 내의 양자화 진동이 각각 큐비트로서 사용되도록 고안되었다. 1995년의 간단한 CNOT 게이트의 실험에 비해 이 양자알고리즘의 실행은 한 개 이온임에도 상당히 복잡하고 다른 양자게이트가 연속으로 빠르게 적용되어야만 했다. 또한 매시간마다 이온에 쪼여주는 레이저 펄스는 양자상태를 변하게 만들고 또 레이저 출력에서의 불규칙적 요동은 작은 오차를 야기하기도 한다.

4) 이온트랩의 미래

미래에 이온트랩을 이용한 양자컴퓨터가 방 전체를 가득 메우지 않도록 하려면 '집적회로(integrated circuit)'의 이온트랩[30]으로 만들어야 할 것이

28) F. Schmidt-Kaler 외(2003).
29) S. Gulde 외(2003).

다. 전 세계적으로 알려진 연구 그룹들은 이미 이런 방향의 연구를 진행하고 있으며 집적회로로 구성된 이온트랩에 대한 다수의 설계안들을 내놓고 있다. 이 연구의 기본적인 틀은 이온트랩의 각 성분들을 한 면에 몰아서 가

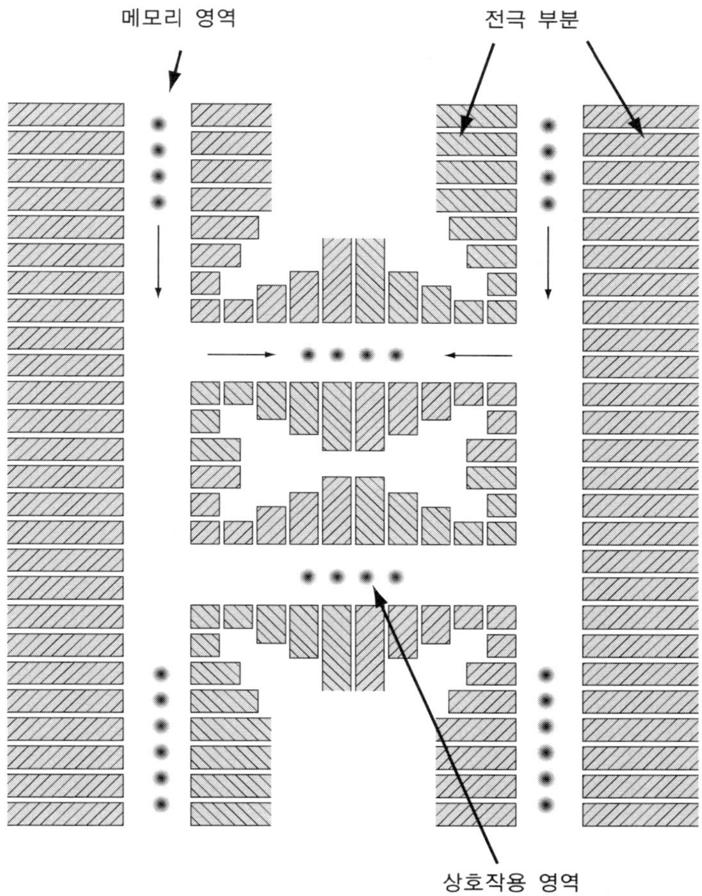

[그림 9.5] 축소된 이온트랩 '집적회로'에 대한 설계도. 이온들은 메모리 영역에서 유지되고 있다가 양극의 전위차에 의해 상호 작용하는 영역으로 이동하게 만든 후 그곳에서 양자계산이 수행된다. 그 다음 메모리 영역에 차단시켜 읽어 들이거나 재사용된다. [출처 : 네이처지 417권 709쪽(2002), 맥밀란 발행인에게 인쇄허가를 받음.]

30) D. Kielpinski 외(2002).

능한 크기를 작게 만들어야 한다는 것이다. 트랩을 작게 만들면 이온들의 진동은 더 빨라지게 된다. 이러한 진동은 여러 이온의 양자상태를 결합시키며 양자게이트로 적용되는데 트랩의 크기가 작아진다면 게이트들은 더 빨라지는 효과를 얻게 된다. 2006년에 데이브 윈랜드와 그의 연구팀이 초간편 이온트랩을 성공시켰을 때 그 크기는 불과 수밀리미터 너비였고 12개의 이온까지 동시적으로 작동시킬 수가 있었다.

이온트랩 양자컴퓨터의 경우, 단일트랩에 많은 이온들을 유지시키는 것이 양자알고리즘의 실행에 중요한 변수이지만 우선은 칩 안에 여러 개의 트랩을 집적시키고 계산을 분리수행시키는 것이 더 필요한 과제라 할 수 있다. 통상의 컴퓨터에서 데이터가 지속적으로 중앙처리 장치와 메모리, 하드디스크의 저장장치들 사이를 교환하는 것 같이 미래의 이온트랩 양자컴퓨터의 구조도 이와 비슷할 것이라 예상된다. 즉 메모리 영역에서는 이온들이 양자상태가 사라지지 않게 보존하고 유지되어 곧 수행되어야 할 임무를 기다리게 되며 상호작용 영역에서 이온들은 레이저나 양자상태를 변화시킬 수 있는 다른 장치에 노출된다. 이런 두 영역 사이에 이온들을 운반하려면 컨베이어벨트 트랩이 사용되어야 할 것이다. 이온 양자컴퓨터는 현재 양자계산의 여러 접근방법 중 완성될 가능성이 가장 높다고 할 수 있다. 그러나 단점으로는 수십이나 수백 큐비트로의 확장이 가능한가 하는 점이다. 이런 문제점을 극복하기 위한 많은 현재의 연구와 노력의 성공 여부는 좀 더 지켜보아야 할 것이다.

9.3.2 광학격자(optical lattices)

이온트랩 양자컴퓨터의 큰 문제점은 전하를 띤 입자들이 있는 환경에 다른 전기장이 어떤 영향을 끼쳐서 야기되는 결잃음(decoherence)을 들 수 있다. 아주 가까운 예를 들면 양자컴퓨터를 통과하여 지나는 전력선이 있다고 가정해보자. 전력선 주위에 생성되는 전자기장은 이온에 영향을 주게 되며 양자계산에 필요한 양자중첩의 효과들을 상쇄시킬 수도 있다. 그러므로 이 문제를 해결하려면 전기를 띠지 않는 중성원자를 사용하는 편이 나을 것 같아 보인다. 그러나 아쉽게도 대전되지 않은 원자들은 전기장의 트랩에 포획될 수가 없으며 사실은 같은 이유로 하여 외부전기장에 의해 방해도 받지 않는다. 그러나 중성원자를 포획할 수 있는 방법이 있다.

중성원자들을 포획하기 위해서는 '광학집게(optical tweezer)'를 이용하면 된다. 광학집게란 단순히 렌즈의 초점에 모아지는 레이저빔을 말한다. 중성원자들은 이 초점에 끌리게 되는데, 그 이유는 레이저빔의 진동하는 전기장이 원자 속의 전자들을 진동시키고 여기하게 만들어 인력을 작용시키기 때문이다. 그러나 광학집게로 원자를 포획하기 전에 먼저 해결해야 할 문제가 있는데 바로 온도에 대한 것이다, 상온에서의 원자는 음파와 비슷한 정도의 속력인 1,000 km/h의 빠른 속력으로 움직인다. 빠른 물체는 운동에너지가 많다는 것을 의미하는데 만일 충돌을 통해 어떤 물체를 정지시키려 한다면 물체의 운동에너지는 다른 곳으로 흡수되어야만 한다. 예를 들어 운동에너지는 미는 힘이 없을 때 물체를 언덕 위에 올라가게 할 수 있는 양이다. 언덕을 올라간다는 것은 운동에너지가 위치에너지로 전환되는 것을 의미하며 물체가 정지하면 운동에너지는 0이 되지만 위치에너지는 최대가 된다는 것을 기억할 것이다(이론상으로는 마찰력이 없는 경우에 위치에너지 값은 처음 운동에너지와 같은 값이 된다).

광학집게는 일종의 위치에너지가 상대적으로 낮은 '골짜기'라고 볼 수 있다. 만일 한 개의 원자가 그 골짜기로부터 탈출하려면 위치에너지 벽을 넘어야 자유롭게 된다. 따라서 광학집게가 어떤 특정한 온도에서 원자를 포획할 수 있는지 없는지를 알아보려면 그 온도에 해당하는 운동에너지와 광학집게의 위치에너지 깊이를 비교해 보기만 해도 된다. 원자의 운동에너지와 온도와의 관계식은 19세기 말에 오스트리아의 물리학자 루트비히 볼츠만(Ludwig Boltzmann)에 의해 밝혀졌는데 운동에너지는 직접적으로 온도에 비례한다. 이것을 식으로 나타내면

$$E = k_B T$$

이며, 여기서 비례상수인 k_B는 볼츠만 상수로서 값은 1.38×10^{-23} J/K이다. 이 공식에 의하면 기체 속에 있는 원자는 상온에서 대략 4×10^{-21} J의 에너지를 갖는다. 작은 양으로 생각되지만 보통의 광학집게의 위치에너지 깊이는 이보다도 훨씬 더 작다. 실제로 광학집게의 위치에너지를 온도로 표시하면 절대온도 1 K(Kelvin)의 백만분의 1 정도이다. 따라서 트랩에서 원자들을 포획하려 한다면 원자들은 절대영도 바로 위의 백만분의 1 정도의 온도에서 가능한 것이다(절대온도는 −273 ℃에서 시작된다는 것을 기억하라). 그렇다면 이렇게 낮은 온도까지 내리는 것이 가능할까?

1) 절대 영도(0k)에의 접근

1970년대에 레이저가 발명되었을 때 몇 명의 과학자들에 의해 레이저빛의 운동량을 이용하여 원자들을 냉각시킬 수 있다는 것을 알게 되었다. 광자가 어떤 진동수에 해당하는 에너지를 운반한다는 것을 이미 배운 바가 있다. 또한 실제로 광자가 금속의 표면에 입사되어 전자를 "튀어나오게" 하는 광전효과에서는 빛이 입자와 같이 행동한다는 것을 직접 관찰할 수 있었다. 이러한 튀어나오는 현상은 실제로 광자가 에너지뿐 아니라 운동량도 운반한다고 생각하면 된다. 예를 들어 총탄의 운동량은 권총이 발사될 때 되튀게 한다. 이와 마찬가지로 자유롭게 떠돌던 원자가 광자를 "잡았을 때" 원자는 광자의 운동량에 의해 되튀게 된다.

광자운동량만으로 냉각의 효과가 나타나지는 않는다. 한 원자가 많은 광자들과 충돌하면 그 원자는 약간 되튀면서 광자를 흡수하여 원자는 더 빨리 움직이게 된다. 즉, 원자는 더 뜨거워진다. 그러나 이런 효과를 정반대로 이용해서 원자를 실제로 냉각시킬 수가 있다. 이러한 방법의 기본적인 원리는 도플러 효과(Doppler effect)이다.

도플러 효과는 일상생활에서 흔히 나타나는 현상이다. 예를 들면 구급차나 경찰차가 사이렌을 울리면서 다가오는 중이면 자동차가 정지해 있을 때보다 약간 더 높은 소리를 듣게 된다. 그리고 멀어지게 되면 더 낮은 소리를 듣게 된다. 듣게 되는 진동수는 소리를 내며 오는 자동차와 멀어지느냐, 가까워지느냐에 관계된다.

빛에 대해서도 마찬가지다. 광원을 향해 움직이는 원자는, 예를 들어 레이저를 향하여 움직이는 원자는 더 높은 진동수의 빛을 "보는데" 이것은 더 작은 파장의 빛을 본다는 의미이다. 얼마나 더 큰 파장의 빛을 보느냐는 원자의 속력에 달려 있다. 높은 진동수의 빛은(가시광선 영역만 고려해본다면) 청색스펙트럼 영역으로 이동되었다는 것을 의미하며 이 효과를 '청색이동(blue shifted)'이라고 부른다. 이와 반대로 광원으로부터 멀어져가는 원자는 더 낮은 진동수의 긴 파장의 빛을 보게 되는데 이것을 '적색이동(red shifted)'이라고 부른다.

이러한 도플러효과는 원자를 냉각시키기 위해 효율적으로 사용될 수 있다. 원자전이 공명진동수(resonance frequency of an atomic transition) 아래로 약간 '편이(detuned)'된 레이저빛 — 이것을 '적색편이(Red detuning)'된 레이저빛이라고 한다 — 을 원자에게 쪼여준다. 그다음 원자는 레이저로부터 멀어질 때마다 원자는 적색으로 편이된 약간 낮은 진동수의 빛을 보게 된다. 적색편이된 빛이 여기서 더 적색편이가 일어나면 레이저빛은 원자가 전이되는 공명진동수와 잘 맞지 않게 된다. 따라서 결과적으로 원자는 레이저의 빛을 흡수하지 않게 된다. 한편으로 원자가 레이저를 향하여 움직이게 되면 그 원자는 약간 더 높은 진동수의 빛을 보게 된다. 만일 원자가 충분히 빨리 움직인다면 청색이동은 적색편이된 레이저빛을 상쇄시켜 버리고(충분히 큰 이동이 된다) 원자들은 레이저빛과 공명진동수를 이룬다. 결과적으로 이 원자는 많은 광자를 흡수하게 될 것이다.

그렇다면 이와 같은 방법이 어떻게 원자를 냉각시킬까? 원자는 레이저를 향하여 움직일 때 광자를 흡수하면서 받는 '두들겨지는 충격'에 의해 더 천천히 느려진다. 원자가 레이저로부터 멀어질 때는 아무 일도 일어나지 않는다. 실제적으로 원자를 냉각시키기 위해 한 방향으로만 감속시키기보다는 공간의 각 방향에서 더 많은 레이저빔을 조사시켜 주어야 한다. 원자가 움직일 때마다 편이가 생겨서 레이저빛의 진동수와 잘 맞게 되면 원자와 반대로 달려오는 광자들과 충돌을 일으키게 된다. 그런 방법으로 원자들이 마치 끈적끈적한 액체 속에서 움직이듯이 천천히 감속된다. 이런 유사성에서 '광학적 꿀(optical molasses)'이라는 표현이 어울린다. 광학적 꿀을 사용하여 원자를 절대 영도 위의 수천분의 일도 정도의 매우 낮은 온도로 냉각시킬 수 있다. 이렇게 낮은 온도의 원자들은 쉽게 광학집게로 포획될 수 있다.

2) 빛으로 만들어진 격자

광학집게로 냉각된 원자들을 포획하는 방법은 여러 가지가 있다. 그 중 하나가 '광학격자(optical lattices)'[31] 방법이다. 광학격자는 본질적으로 여러 레이저빔을 서로 교차시킨 작은 광학집게들이 배열된 것이다. 레이저빔의 위상이 일정하면 간섭무늬는 밝고 어두운 영역으로 교차되어 나타난다(영의 이중슬릿 실험에서의 간섭무늬와 유사하다). 만일 빔의 방향과 편광이 잘 선택된다면 간섭무늬의 형태는 '계란상자'나 더 과학적으로 말하면 광학격자라고 할 수 있다. 각각의 간섭무늬는 원자가 낮은 온도로 냉각되어 있다면 작은 광학집게로서 작용되며 일정한 장소 안에 원자를 가두어둘 수 있다. 이러한 광학격자에 냉각된 원자들이 가득 차서 규칙적으로 배열되면 각 원자들의 에너지상태들은 이온트랩과 마찬가지로 큐비트로서 사용될 수 있다. 그러나 광학격자를 다루는 데에 있어서 몇 가지 문제점을 안고 있다.

광학격자는 냉각된 원자구름과 같이 있게 되므로 규칙적으로 배열되지 않고 오히려 구멍이 많은 고체와 같다. 그 이유는 레이저냉각으로 만들어진 원자밀도가 광학격자의 밀도보다 작기 때문이다. 다시 말하면 원자보다 광학집게가 더 많은 것인데 예를 들면 주차된 차들이 4분의 1만 채워진 주차장과 같다. 그런데 대관절 이것이 무슨 문제가 된다는 말인가? 하고 생각할

31) I. Bloch(2005).

수도 있다. 첫째로 개개의 원자들이 마구잡이식으로 격자점을 채우기 때문에 개개원자들이 어떻게 채워질지 예측할 수 없다는 것이다. 둘째로 몇 개의 원자들 사이에는 큰 간격이 있게 되므로, 그 원자들이 서로 상호작용하도록 만드는 것은 상당히 어려운 일이다.

그러나 다행스럽게도 1995년에 미국의 에릭 코넬(Eric Cornell), 칼 위만(Carl Wieman), 독일의 볼프강 케틀레(Wolfgang Ketterle)는 레이저 냉각법으로 만들 수 있는 것보다 더 조밀하고 냉각된 원자샘플들을 만들었다(이에 대한 공적으로 2001년에 노벨상을 수상하였다). 간단하게 소개하자면 이들이 발견한 기술은 증발냉각(evaporative cooling) 현상을 기초로 하였다. 증발냉각이라는 의미가 금방 들어오지 않더라도 이 용어는 친숙하게 들릴 것이다. 증발냉각은 우리 주위에서 늘 일어나고 있다. 예를 들면 뜨거운 커피를 호호 부는 것은 액체 표면으로부터 에너지가 많은 분자들을 탈출하게 도와주는 것이다. 만일 가장 뜨거운 상태라면 가장 에너지가 큰 분자가 탈출해서 컵의 내부에 남게 되는 분자들은 평균적으로 더 작은 에너지를 갖는 분자들일 것이다. 분자들은 서로 충돌하여 더 낮은 온도에서의 새로운 열적 평형에 도달하게 되며 역시 마찬가지로 컵 위를 불어주게 되면 이 분자들 중에 가장 뜨거운 분자들은 표면에서 탈출하게 된다.

이제 냉각된 원자의 경우로 되돌아가 보자. 냉각된 원자는 어느 장소에 유지시키기가 어려우므로 자기력에 의한 트랩을 이용한다. 어떤 확실한 조건하에서 원자들은 자기쌍극자모멘트를 가지게 되는데 이것은 항상 자기장에서 나침반의 바늘과 같이 일정한 방향으로 정렬하려고 한다. 만일 자기장의 형태가 적당하게 선택된다면 자기쌍극자들은 자기장의 세기가 최소가 되도록 배열한다. 커피잔에서의 '불어 버림' 효과와 유사하게 트랩으로부터 에너지가 큰 원자를 탈출시키려면 외부에서 자기장을 걸어주면 된다. 이렇게 먼저 가장 뜨거운 원자만 탈출시켜 인위적 '표면'이 만들어진다. 에너지가 모자란 원자들만 그 안에 남게 되며 이들은 더 낮은 온도에서 평형을 이루고 표면은 약간 낮아지게 된다.

증발냉각은 물리학자들도 믿을 수 없을 만큼 낮은 온도까지 원자를 냉각시킬 수 있는데 절대영도의 수천만분의 1 K까지 가능하다. 이제 원자가 냉각되면 흥미로운 일이 생기기 시작하는데 특별히 원자가 '보손(boson)'이라면 더욱 그렇다. 보손이라는 용어는 입자의 종류를 일컫는데 서로 다른 동등한 입자들이 같은 양자상태를 점유할 수 있는 입자들을 말한다. 충분히 낮은 온도에서 보손들은 모든 입자가 같은 양자상태를 점유하는 '초원자'적인 형태로서 정확하게 일사분란하게 움직인다. 이러한 물질상태를 '보스-아인슈타인 응축(Bose-Einstein condensate)' 상태라고 부른다.

보스-아인슈타인 응축이 광학격자에서 많이 비어있는 자리를 해결할 수 있다고 하더라도 광학격자는 '완전한' 고체는 아니다. 격자수에 해당하는 많

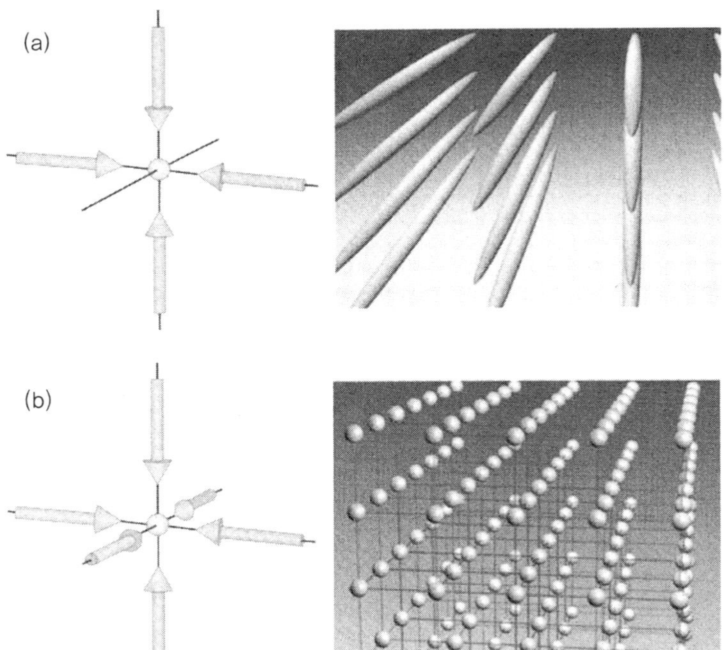

[그림 9.6] (a) 2차원 광학격자. (b) 3차원 광학격자. 광학격자의 퍼텐셜우물에 포획된 중성원자는 큐비트로 나타낼 수 있다. [네이처지 물리학 1권 23쪽(2005), 맥밀란 편집장에게 인쇄허가를 받음.]

은 응축 상태의 원자들을 가지고 있다고 하더라도 그 원자들이 규칙적인 방법으로 광학격자를 채우게 되는 것은 아니기 때문이다. '평균적'으로 격자 한 개당 한 원자가 채운다고 가정하여도 어떤 것은 두 개나 그 이상의 원자로 점유되기도 하고 다른 것은 아예 비어있을 수도 있다. 그럼에도 불구하고 양자역학의 효과를 이용하면 이러한 문제점을 해결할 수 있음이 밝혀졌다.

한 자리당 정확하게 한 원자가 채워지는 광학격자를 얻으려면 양자적 위상변화(quantum phase transition)라고 부르는 현상을 이용해야 한다. 일상생활에서 위상변화란 다소 익숙하다. 물이 끓는다거나 얼음이 녹는 상전이 현상들은 어떤 조건의 온도에서 물질의 성질이 매우 갑자기 변화해도 일어난다. 상전이는 19세기부터 폭넓게 연구되어 왔으나 일반적으로 양자역학과 전혀 관련이 없는 것으로 생각되었다. 그러나 냉각된 원자의 경우에는 상황이 좀 다르다.

광학격자 내부에서 보스-아인슈타인 응축상태에 있는 차가운 원자들의 거동은 한 격자점에서 다른 점으로 도약을 하거나 다른 원자들과 충돌하는 것이다. 원자들이 도약하는 것이 점점 어려워지면 두 개 또는 세 개 이상의 원자들이 같은 장소에서 포획되어 서로 격렬하게 충돌을 계속하게 된다. 연속적인 충돌은 원자들의 에너지를 높게 만들기 때문에 원자들의 연쇄충돌은 잘 일어나지 않는다. 왜냐하면 자연은 항상 에너지를 최소화하려는 경향이 있기 때문이다.

이 원리를 이용하면 광학격자가 완전히 정확하게 한 원자당 한 개의 격자를 점유하게 만들 수 있다. 먼저, 퍼텐셜의 깊이가 얕은 격자에 있는 원자를 넣고 격자 사이에서 자유롭게 운동하도록 한다. 다음으로 격자의 퍼텐셜깊이를 더 커지도록 만들어(레이저의 출력을 증가하게 만들면 된다) 원자가 자유롭게 운동하기가 어렵게 만든다. 만일 퍼텐셜깊이의 증가가 매우 천천히 일어나면 각각의 원자는 다른 원자가 아직 차지하지 않은 빈 격자점을 '보게 되는' 기회를 갖게 되며 마지막에 퍼텐셜깊이가 매우 커지면 움직일 수 없게 되므로 모든 원자는 한 개의 격자점을 차지하게 된다. 이 상태를 '모트 절연체(Mott insulator)'[32]라고 한다.

이제 이렇게 규칙적이고 단일원자로 이루어진 '고체'를 어떻게 활용할 것인가? 뮌헨대학의 연구팀들은 이웃하는 격자점[33] 사이의 원자들의 충돌을 유도함으로써 양자게이트를 실현시킬 수 있음을 보였다. 이 충돌들은 원자의 상대적 위상을 변화시키는데 이것은 결국 얽힘상태를 나타낸다.

독일의 본 대학의 연구팀들은 광학격자의 양자계산을 다른 방법으로 접근하였다. 자기광학적 트랩(Magneto-optical trap)으로부터 1차원의 광학 격자점에 각각의 원자들을 직접 채우는 방식이다. 만일 한 격자에 두세 개의 원자들이 포획되었다면 원자들을 약간 분리시킬 수 있게 전력을 일시적으로 변화시켜 한 개의 원자만이 포획되도록 한다. 그 다음 레이저빔의 출력을 다시 증가시켜 격자점에 고정되도록 한다. 이렇게 끈 모양의 원자배열을 얻을 수 있지만 광학격자는 아직 각각의 원자들 사이에서 '신호를 교환하는' 문제를 해결해야만 했다. 독일 연구팀들은 이것을 해결하기 위해 자기

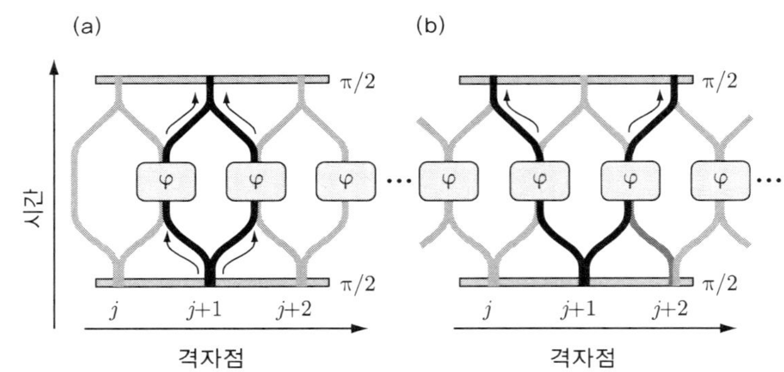

[그림 9.7] 광학격자에서의 양자게이트들. 이웃하는 격자점 사이 원자들은 격자가 이동할 때 왼쪽으로 움직이는 것과 오른쪽으로 움직이는 것의 두 개의 분리된 상태의 중첩으로 얽혀 있다. 원자 사이의 충돌로 위상이 변한다. [출처 : 네이처지(런던) 425권, 937쪽(2003), 네이처지 편집장에게 인쇄허가를 받음.]

---

32) M. Greiner 외(2002).
33) O. Mandel 외(2003).

공명영상(MRI, magnetic resonance imaging)을 사용하였다.

자기장의 세기를 공간상에서 잘 알려진 형태로 변화시켜서 각 원자들이 위치에 따라 공명이 잘 되거나 또는 잘 되지 않게 '조정'할 수 있다. 자기장을 변화시켜 원자들 중의 한 개의 공명진동수를 상대적으로 이동시켜 한 원자의 상태만을 변화시킬 수 있다. 다른 이웃원자들을 교란시키지 않고 한 원자의 양자상태를 변화시킬 수 있다는 것은 양자레지스터를 초기화할 수 있다는 의미이다. 각 원자마다 초단파 복사를 하게 함으로써 그들은 원자의 초기 상태를

$$|00...000>$$

으로 놓을 수 있으며 양자계산에서의 시작점이 된다. 그러나 실제로 양자 알고리즘을 수행하려면 제어할 수 있는 이웃원자 간의 상호작용이 있어야만 한다.

광학격자 외에도 중성원자들을 포획할 수 있는 여러 가지 방법에 대한 연구가 활발히 진행되고 있다. 그 중의 하나는 광학 마이크로트랩(optical microtrap) 방법이다. 이 기술은 작은 렌즈들을 2차원으로 배열시키고 레이저빔을 렌즈의 초점에 집중시켜 광학 마이크로트랩을 만들어 원자들을 제어한다. 마이크로트랩의 상대적인 위치는 레이저빔이 렌즈를 통과하는 각을 조절함으로써 제어할 수 있다. 광학격자나 마이크로트랩은 아직 기술적으로 더 많은 발전이 요구되는 분야이다. 트랩의 간격을 자유롭게 조정할 수 있고 한 원자로 점유된 트랩을 복잡하지 않게 개별적으로 다룰 수 있다는 점에서 유리한 기술이다. 지금까지 트랩 속에 원자들을 가두고 제어하는 방법으로 양자게이트를 실행하는 것이 가능하다는 것을 알아보았다.

현재는 중성원자에 의한 광학격자나 다른 광학트랩의 방법이 양자컴퓨터를 실현시키는 가장 좋은 선택으로 단정지을 수는 없다. 이 방법은 많은 큐비트를 제공한다는 장점이 있으나, 개개의 원자들을 다루는 부분에서는 아직 많은 어려움이 놓여 있다. 그러나 광학격자는 양자컴퓨터를 실행하는

데에 따른 결잃음(decoherence)과 다른 문제점에 대한 연구에 적합한 시험대 역할을 하고 있다. 또한 고체상태 시스템의 양자 시뮬레이션에 매우 적합하다고 할 수 있다.

9.3.3 초전도체 큐비트

초전도체(superconductor)란 저항이 없는 도체를 말한다. 초전도체로 된 고리모양의 물체에 한번 전류가 흐르면 전류가 영원히 흐르게 될 것이다. 초전도체는 1911년에 네덜란드 라이덴대학의 캐머링 오네스(Kammerlingh Onnes)에 의해 처음으로 발견되었다. 오네스는 절대영도(이것은 −273 ℃에 해당한다)에 가까운 2 K에서 3 K 정도의 극저온으로 냉각되면 전기저항이 갑자기 완전히 사라진다는 것을 발견했다. 이어 다른 물질에서도 이런 특이한 현상을 갖는다는 것을 발견하였는데, 그 당시에는 왜 전기저항이 사라지는지 설명할 수가 없었다.

1957년에 영국의 세 명의 물리학자들은 양자역학을 통해서 이러한 수수께끼 현상에 대한 명쾌한 해결의 실마리를 제공하였다. 이 실마리의 단서는 금속에 있는 전자들이 초전도체의 성질을 띠려면 광학격자에서 논의되었던 보스-아인슈타인 상태가 되어야 한다는 것이다. 보스-아인슈타인의 응축상태에서 모든 원자들은 같은 양자상태에 있고 마치 '초원자'와 같이 행동하게 된다. 이와 비슷한 방법으로 도선 내의 전자들이 마찰력이 없이 흐르는 것을 설명할 수는 있었으나 여기에는 약간 문제점이 있다. 전자들은 보손이 아닌 페르미온(fermion)이라는 점이다. 보손이 아닌 전자들은 서로 '초전자' 상태가 될 수 없는 것이다.

존 바딘(John Bardeen), 레온 쿠퍼(Leon Cooper)와 로버트 쉐리퍼(Robert Schrieffer)는 이 문제에 대한 답이 의외로 원리적으로 간단하다는 것을 알아냈다. 만일 한 개의 전자들이 보스-아인슈타인의 응축을 형성할 수가 없다면, 아마도 전자들은 전자쌍을 형성하게 될 수도 있다는 것이다.

즉, 전자들이 전자쌍을 형성하면 전자들의 전체의 스핀은 $\frac{1}{2}+\frac{1}{2}=1$로서 정수가 되며 결국 보손과 같이 행동한다. 이것은 상당한 결실을 가져다주는 착안이었으며 수학적인 증명도 가능했다. 또한 실제로 실험실에서 '쿠퍼 쌍(Cooper pairs)'들은 초전도체의 특성이 관찰되었다.

초전도체에서 전류가 수십만 개의 전자들로 이루어졌다고 하더라도 전자들은 하나의 거대한 양자상태이다. 결과적으로 전류는 두 개 또는 그 이상의 양자상태의 중첩으로서 존재할 수 있다. 예를 들면 금속의 고리 내에서 전류는 시계방향과 반시계방향이 중첩되어 흐를 수가 있는 것이다. 또한 앞뒤로 진동하는 진동전류는 여러 개의 단조화진동자 상태의 중첩으로 존재할 수 있다(이것은 트랩 내에서 진동하는 이온의 경우와 아주 비슷하다). 그러므로 이런 성질을 갖는 초전도체들을 양자계산에 적용하는 것도 당연하다고 하겠다.

초전도체의 접근방법은 이온트랩이나 광학격자에 비교해서 여러 가지의 유리한 점이 있다. 첫째로 초전도체의 회로는 인간에 의해 만들어졌으므로 인간의 의지대로 회로의 특성을 조정할 수 있다. 이에 비해 이온과 원자는 자연의 법칙에 따르며 이온들의 제어도 인간의 뜻대로 할 수 없다는 사실이다. 두 번째로 초전도체 전류는 마이크로칩과 집적회로에 사용된 잘 알려진 기술로서 만들 수 있다는 점이다. 마지막으로 회로에서 전자들을 제어하는 방법에 대한 연구가 많다는 사실도 초전도체의 큐비트의 전망을 밝게 한다고 할 수 있다.

이런 유리한 점이 있음에도 초전도체를 이용한 양자계산은 예견된 바와 같이 잘 이루어지지 않고 있다. 그에 대한 가장 큰 원인으로는 양자상태들이 모두 서로 같은 거리라는 점인데 이 때문에 초전도체 진동회로를 양자상태로 이용하기가 어렵다. 즉, 초전도체 회로에서는 퍼텐셜 큐비트 $|0\rangle$과 $|1\rangle$이 될 두 양자상태를 선택하는 것이 불가능하다. 이 문제를 해결할 방안이 전혀 없는 것은 아니다. 조셉슨접합(Josephson junction) 효과를 이

용할 수도 있다. 조셉슨접합은 기본적으로 두 개의 초전도체 도선들과 그 사이에 절연체로 된 작은 판 조각으로 구성되어 있다. 고전적으로는 어떤 전류도 절연체를 통하여 흐를 수 없는데도 양자역학적으로는 쿠퍼 쌍들이 터널을 통해 그 간격을 이어주어 전류가 흐르게 된다. 조셉슨접합에서는 두 개의 양자상태가 선택될 수 있으며 각각 큐비트 $|0>$과 $|1>$ 상태로서 사용될 수 있다.

2007년에 네덜란드 델프트(Delft)의 칼비 연구소에서는 CNOT 게이트를 구현하기 위해 두 개의 초전도체 큐비트를 사용하였다(**그림 9.8**).[34] 지금까지는 초전도체를 사용하여 어떤 복합적 양자알고리즘도 성공시키지는 못했지

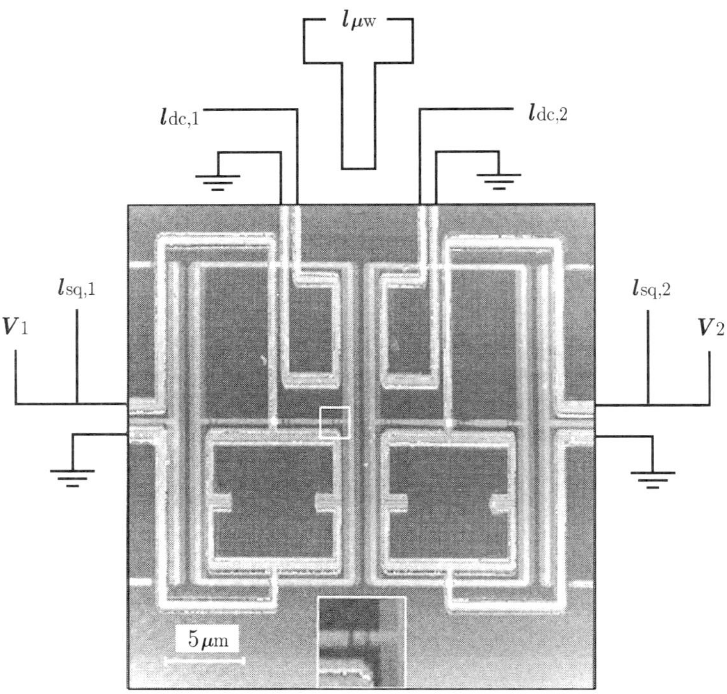

[그림 9.8] 두 개가 결합된 초전도체 큐비트. [네이처지 447권 836쪽(2007), 맥밀란 편집장에게 인쇄허가를 받음(1998).]

34) J. H. Plantenberg 외(2007).

만 앞으로 초전도체를 이용하여 여러 큐비트로 확장될 수 있으리라 기대하며, 조셉슨접합을 기초로 한 양자컴퓨터는 미래에도 각광받는 대안이 될 수 있을 것이다.

9.3.4 양자점 내의 전자

양자점(quantum dots)이란 마이크로미터보다도 훨씬 작은 공간 속에 전자들을 가둔 반도체 구조를 말한다. 그런 점 내부에서 전자는 에너지가 양자화되고 어떤 궤도(orbit)만 허용된다. 이 때문에 양자점을 '인공 원자(artificial atom)'라고 한다. 최근의 몇 년 동안 많은 과학자들은 양자점을 큐비트로 사용하는 가능성에 대해 연구하고 있다. 특히 전자스핀은 양자계산에서 그 자체로 쉽게 두 개의 기저 상태를 제공한다. 즉 '스핀 위'와 '스핀 아래' 상태는 각각 $|0>$과 $|1>$의 큐비트를 나타낸다.

양자점을 이용하여 양자계산을 하려면 단일 양자점에서의 전자스핀의 조종은 물론이고 두 개의 양자점을 사용하여 두 개의 큐비트(또는 다른 보편적인 두 개의 큐비트 게이트)로 구성된 CNOT 게이트를 개발해낼 필요가 있다. 최근에 이를 실현하기 위해 필요한 여러 실험들이 수행되고 있으며 전자들의 결맞음이 깨어지기까지 시간이 수 마이크로초 정도라는 것을 측정하였다.[35)]

양자점을 사용하는 경우에도 해결해야 할 중요한 과제 중의 하나가 초전도체의 경우처럼 최종적으로 큐비트 상태를 읽어내는 작업이다. 효율적으로 읽어들이려면 양자점을 읽어들이는 장치와 밀접하게 위치해 있어야 하지만 너무 밀접한 위치는 양자점 내에서 결잃음을 만들 수도 있다.

---

35) F. H. L. Koppens 외(2006).

9.3.5 핵자기 공명

8장에서 쇼(Shor)의 알고리즘을 사용한 양자컴퓨터가 숫자 15를 분석했다는 신문기사가 헤드라인뉴스로 나온 것을 언급한 적이 있다. 이 컴퓨터는 지금까지 위에서 논의한 것과 다른 방식이 사용되었다.

개개의 원자를 큐비트로 사용하려면 각각의 원자들을 일정한 위치에서 교란시키지 않고 제어를 하는 것과 서로 상호작용하여 큐비트를 만드는 두 가지 중요한 문제점에 부딪친다. 1990년 말에 많은 연구자들은 자연이 바로 그러한 구조를 자연스럽게 제공한다는 사실을 깨달았다. 그러한 자연의 구조는 바로 분자이다. 분자에서는 여러 원자들이 기하학적인 형태로 서로 속박되어 있다. 양자계산에 이러한 원자의 규칙적인 배열을 이용하는 것은 당연한 일인지도 모른다. 그러나 몇 가지 면에서 문제점이 있다.

첫 번째 문제점은 분자에 있는 전자의 양자상태를 큐비트로서 사용하는 것이 불가능하다는 점이다. 그 이유는 전자는 분자들을 서로 붙게 만드는 일종의 풀인데 화학 결합을 만들기 위해 한 원자에서 머물러 있을 수가 없고 원자들 사이에 옮겨 다녀야만 한다는 점이다.

두 번째 문제점은 양자계산을 수행하기 위해서는 분자들과 교류하는 동안 최대한 분자들이 고립되어야 하는 점이다. 예를 들어 고체결정구조에서 이웃하고 있는 분자 사이에서 많은 간섭효과가 일어나곤 하는데 이러한 간섭효과는 양자게이트를 만드는 것을 불가능하게 만든다.

핵자기공명(NMR, nuclear magnetic resonance) 양자계산은 의료진단을 위해 사용되는 자기공명영상의 원리와 근본적으로 같다. 명칭 그대로 이 기술은 원자핵, 더 엄밀하게는 원자핵의 스핀을 포함한다. 핵의 스핀은 자기모멘트를 갖는다. 따라서 자기장 속에서 핵의 스핀은 작은 나침반 바늘과 같으며 양자화되어 특정한 값들을 취하게 된다(한 방향만을 가리키는 나침반의 바늘과 달리 어떤 값을 취하게 된다). 그리고 핵자기공명 주파수라고 불리는 특정 주파수에서 전자기파를 복사함으로써 여러 스핀값들 중의 하나로 선택적으로 변환될 수 있다. 따라서 분자 안에서는 스핀 공명주파수가 조금씩 다른 두세 개의 이웃하는 핵들이 존재하게 되는데 아주 정확한 공명주파수의 파를 보내면 그 주파수에 해당하는 특정한 핵의 위치를 알 수 있다.

여러 개의 스핀 중에 "선택적으로 변환"할 수 있다는 것과 이웃하는 핵 사이의 결합된다는 것 때문에 양자계산에 적합하다고 할 수 있다. 즉, 핵의 스핀들은 큐비트로서 쓸 수 있고 스핀들의 결합은 2개의 큐비트게이트를

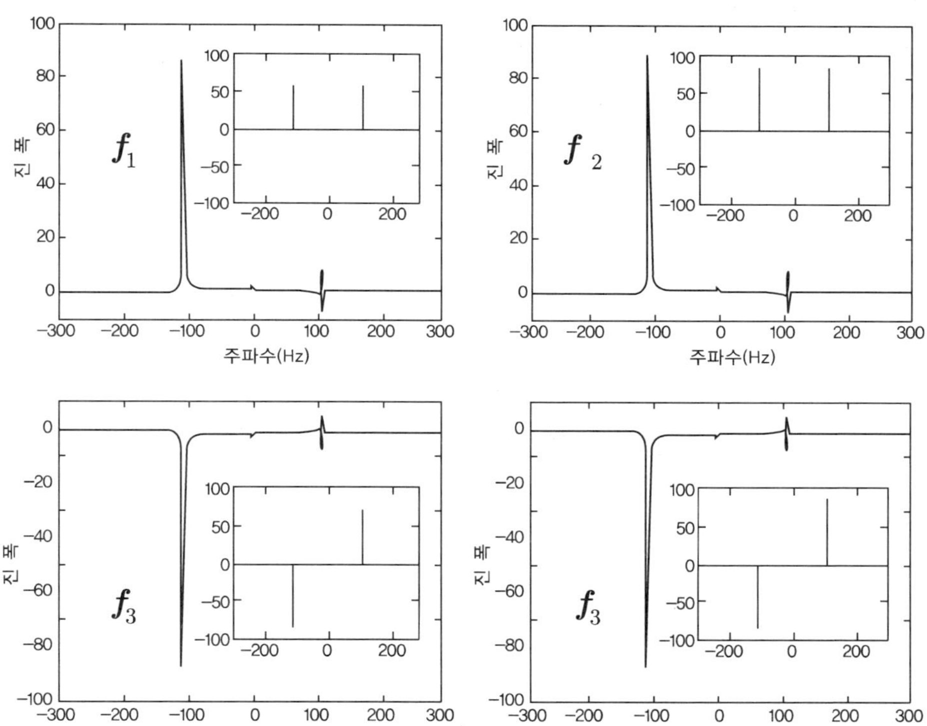

[그림 9.9] NMR 양자컴퓨터용 도이치 알고리즘. 분자에서 다른 스핀으로부터 온 신호는 작은 스파크처럼 보인다. [네이처지 393권, 143쪽(1998). 맥밀란 편집장에게 인쇄허가를 받음.]

실행할 수 있게 만든다.[36] 1998년에 아이작 추앙(Isaac Chuang)과 그의 연구팀들은 IBM 알마덴 연구센터와 스탠포드대학에서 클로로포름분자에 대한 도이치 알고리즘을 실행시켰다.[37] 그들은 아주 정확한 주파수의 전자기파 펄스를 분자에 보내어 양자 논리게이트를 수행하고 마지막 결과를 읽어내어 알고리즘을 실행해낼 수 있었다. 2001년에는 약간 더 복잡한 분자를 사용하여 숫자 15에 대한 쇼어의 알고리즘(Shor's algorithm)을 실행시켰다.[38]

NMR을 이용하여 상업적으로 유용한 양자컴퓨터를 만드는 것은 그리 전망이 밝다고 할 수는 없다. 아직 NMR은 쇼어의 알고리즘을 실행하며 양자 계산의 연구를 자극하는 효과가 있다고 할지라도 NMR 방법은 미래의 양자 컴퓨터의 대안이 되기에는 약간의 결함이 있다. 우선 바로 확장성이 부족하다는 점을 들 수 있다. 추앙의 실험에서 쇼어의 알고리즘은 소수의 원자들로 구성된 분자와 같은 '컴퓨터'를 천만 번이나 복제시켜 수행시켰다. 그러

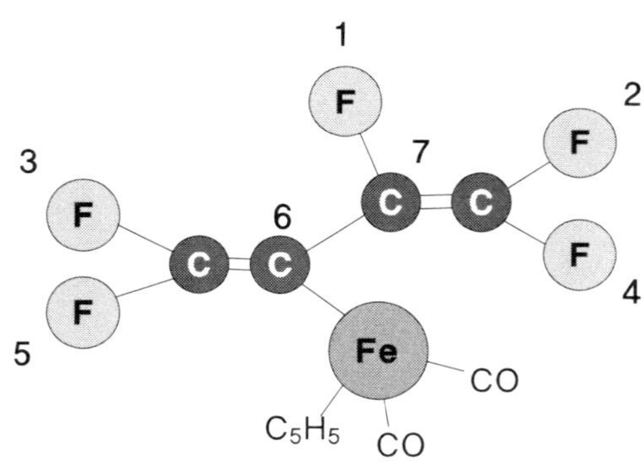

[그림 9.10] NMR 양자계산에서 쇼어의 알고리즘 실행을 위해 사용한 분자. 계산을 위해 사용된 원자핵이 1에서 7까지 번호로 나열되어 있다.

36) 양자계산 구도와 반대로 분자에서 핵스핀 사이의 상호작용은 스위치가 켜지거나 꺼질 수가 없다. 그래서 결국 CNOT 게이트의 실현을 위해서는 어떤 방법의 도움을 받아야만 한다.

37) I. L. Cnuang 외(1998).

38) L. M. K. Vandersypen 외(2001).

므로 NMR의 능력한계는 기본적으로 단일분자가 할 수 있는 능력 정도로 국한된다고 할 수 있다. 또한 분자의 종류와 수, 그리고 어떤 형태로 배열되는가 등의 변수에 의존된다.

분명히 이런 제한된 조건은 NMR 양자컴퓨터를 실현시키려는 열망에 찬물을 끼얹는 것과 같다. 더 많은 큐비트를 확장하려면 완벽하게 정렬된 거대분자를 발견하거나 원하는 조건에 딱 맞는 인공적 분자를 합성해야만 한다. 그러나 실제로 두 가지 모두가 쉽게 이룰 수 있는 일은 아니다. 다중 큐비트가 되도록 분자들을 발견하거나 합성하는 일은 몇 년 이내에는 어렵다.

9.3.6 광자를 이용한 양자컴퓨터

8장에서 광자의 양자상태를 사용하면 암호코드를 안전하게 전달할 수 있음을 이미 보았다. 그렇다면 광자의 양자상태들도 양자컴퓨터의 큐비트로서 사용될 수 있지 않을까? 얼핏 생각하면 불가능하다고 생각할지도 모른다. 광자의 중첩상태(또는 그들의 편광상태)를 만드는 일은 쉬워도 양자계산에 반드시 필요한 CNOT 게이트를 실현하는 것은 쉽지 않을 것 같아 보인다. CNOT 게이트에서는 한쪽 광자의 양자상태가 다른 광자의 상태에 의존되고 역방향도 가능해야만 하는데 광자는 서로 상호작용하지 않기 때문이다. 즉, 두 광자빔은 교차시켜도 한쪽의 빛이 다른 빛을 편이시키거나 특성을 변화시키지 않는다. 그러나 광자는 직접적으로 상호작용하지 않더라도 약간의 요령을 사용하면 2개의 큐비트를 갖는 양자게이트로 만들 수 있다는 것을 잠시 언급해두기로 한다.

10장

민감한 양자상태들

왜 양자 오차보정이 중요할까?

양자컴퓨터는 부서지기 쉬운 물체이다. 지금까지 우리가 배운 바로는 큐비트들이 결잃음 없이 무질서해지지 않고 마지막까지 복잡한 계산을 수행하는 양자컴퓨터를 만드는 것은 실제로 거의 불가능하다. 예를 들어 트랩에 있는 이온들이 결잃는 원인이 되는 외부 전기장이나 기계 자체의 배선에 의한 전기장을 차단시키는 일은 꼭 필요한 일이다. 그러나 차단을 한다고 하더라도 완벽할 수는 없으며 또한 그러한 차단을 하다 보면 기계를 너무 크게 만들거나 거추장스럽게 만들 수도 있다.

한편으로 간섭과 오차를 만드는 것은 양자컴퓨터에서만 일어나는 일이 아니다. 예를 들어 여객기를 착륙시키는 것을 상상해보자. 이론적으로 가능한 착륙에 대한 프로토콜(통신규약)은 조종사가 활주로 방향으로 비행기를 향하게 하고 정확한 속도와 하강률을 체크한 다음 비행기를 몇 분 뒤, 착륙시키게 될 때까지 기다리는 것이다. 그러나 이런 소극적인 자세는 대부분 실패가 뒤따르는 위험한 과정을 만들 수 있다. 왜냐하면 착륙하는 동안에 어떤 난기류나 바람방향이 변하거나 비행기의 방향과 속도, 그리고 하강률을 변화시키는 환경변수가 일어날 수 있기 때문이다. 그래서 수동적인 자세로 안전성을 유지하려는 것은 좋은 생각이 아니다. 조종사는 적극적인 자세로 안정을 유지할 필요가 있다. 즉 조종사는 지속적으로 요크와 조절판을 사용하여(또는 자동조종 장치가 그것을 할 수도 있다) 속도와 비행기의 방향을 모니터하고 가려는 비행항로로부터 궤도 이탈이 있다면 수정해야 한다.

10.1 고전적 오차보정

오차는 양자컴퓨터에서뿐만이 아니라 고전컴퓨터에서도 역시 일어난다. 전형적으로 발생하는 오차는 비트플립(bit-flip)이다. 비트플립이란 "0"이 "1"로 변하고 또는 역과정이 일어나는 것을 말한다. 이것은 컴퓨터 한쪽에서 다른 쪽으로 정보를 보낼 때 발생할 수 있는데 예를 들면, 잡음이 섞이는 것처럼 중간단계에서 정보가 잘못 표시되는 경우이다. 이러한 오차를 막을 수 있는 가장 손쉬운 방법은 비트를 중복하여 사용하는 방법이 있다. "0"을 한 번에 보내는 것보다는 "0"을 더 많이 복사해서 보내는 것이다. 예를 들면 이진법 코드

$$1001011$$

은 "0"과 "1"을 각각의 위치에 세 번씩 쓰는 것이다. 즉

$$111000000111000111111$$

이 되며 여기서 구분하기 좋게 하려면 세 번씩 반복된 사이에 여백을 삽입하면 된다.

$$111\ 000\ 000\ 111\ 000\ 111\ 111$$

이렇게 표시된 이진법 코드를 컴퓨터의 한 부분에서 다른 부분으로 보낼 때 이 과정에서 몇 개의 비트가 플립되어 나타날 수 있다. 예를 들어 처음 세 번 반복된 111이 "101"로 나타나면 중간의 비트가 플립된 것이다. 이런

식의 오차보정은 확률적인 방법을 이용한 것이다. "101"은 2개의 "1"과 단 하나의 "0"으로 되어 있다. 세 번 반복된 것 경우에는 "000"의 가장자리의 비트 2개가 플립되었다고 하기보다는 "111" 상태에서 가운데 비트가 바뀌었다고 보는 것이 가능성이 높다. 따라서 더 큰 가능성을 택하여 "101"의 원래 수는 바로 "111"로서 결정하게 된다. 그래서 손상된 세 번 반복된 수의 가운데 비트를 바꾸어 원래의 "111"로 정보는 복원된다.

이것은 매우 간단하지만 고전적인 비트 값의 오차보정을 할 때 매우 효율적인 방법이다. 따라서 큐비트에 대해서도 이와 같은 과정을 생각해볼 만하다. 그러나 양자적인 오차보정은 고전적인 경우처럼 간단하지 않다. 그 이유는, 첫째로 양자컴퓨터에서 큐비트는 중첩상태로 존재한다. 따라서 삼중상태는 바로 한 상태를 복제해야 한다는 것을 말한다. 그러나 복제는 양자역학적으로 불가능하다는 것이 밝혀져 있다. 두 번째 이유는 플립된 비트의 오차를 검출하려면 세 개의 비트 모두를 측정하여 원래의 삼중상태를 결정해야만 한다. 그러나 양자역학에서 측정이란 과정은 중첩상태를 붕괴시키며 결국은 양자계산을 무의미하게 만든다. 마지막으로, 양자상태에서는 간섭이 일어나서 상대적 위상이 제각각으로 다른 경우가 많으므로 고전적인 비트보다도 오차를 발생할 가능성이 많다고 할 수 있다. 이런 상황이지만 양자상태의 오차보정을 미리 포기할 필요는 없다.

10.2 간단한 양자논리의 경우

간단한 양자 논리회로에서, 중첩상태가 아닌 $|0>$과 $|1>$이 반복되는 3개의 비트에 대한 암호화를 시작해보자. 즉 우리가 원하는 바는 $|0>$ 상태에서 $|000>$로, $|1>$에서 $|111>$로 바뀌게 하는 것이다. 사실 $|0>$의 초기상태에 2개의 보조상태가 추가된 세 개의 상태가 반복되는 큐비트로 시작한다면 별 문제가 생기지 않고 간단하다. 연속된 CNOT 게이트에서 제어상

태에 “복제”된 큐비트를 사용하고 표적상태 중의 하나는 첫 번째 보조 큐비트가 되며 다른 것은 두 번째 보조 큐비트가 된다.

만일 세 개의 비트 중의 하나가 플립되었다면 어떻게 되는지 살펴보자. 예를 들어 $|0>$ 상태에서 두 개의 CNOT 게이트를 통과함으로써 생긴 $|000>$ 상태가 $|100>$으로 바뀌었다고 해보자. 이 경우에는 첫번째 비트가 $|0>$으로 다시 플립되는 것이 바람직할 것이다. 비슷한 이유에서 $|111>$이 $|011>$로 바뀐 경우에도 적용될 수 있다. 고전적인 경우와 마찬가지로 기껏해야 하나의 비트만 플립되었을 거라고 가정해보자. 확률적으로는 첫 번째 비트가 플립되었다고 할 수 있다. 간단한 양자 논리회로는 두 개의 CNOT 게이트와 한 개의 토폴리 게이트(Toffoli gate)로 구성되는데 여기서 토폴리 게이트란 처음 비트를 정확하게 원래의 값으로 복원시키는 연산에 해당한다. 한편 비트플립이 되었다면 연산 후에 비트가 계속 틀린 값을 가져도 염려하지 않아도 된다. 우리의 주 관심사는 원래값이므로 복제값이 다르더라도 큰 문제가 될 것은 없다. 만일 이 비트를 다른 곳에 보낸다고 해도 항상 다시 $|0>$ 상태를 받을 수 있으므로 처음부터 다시 중복 형태의 암호화 작업을 할 수 있기 때문이다.

그렇다면 $a*|0>+b*|1>$와 같은 중첩상태에서 비트가 플립되는 것을 막으려면 어떻게 해야 할까? 중첩상태는 당연히 복제가 불가능하지만 양자 논리회로에 $a*|0>+b*|1>$의 중첩상태를 입력하고 어떻게 되는지 결과를 지켜보자. 입력상태는

$$(a*|0>+b*|1>)|00>$$

으로 여기서 마지막 한 쌍의 상태는 보조적인 큐비트들이다. 두 개의 CNOT 게이트를 이 상태에 작용시키면

$$a*|000>+b*|100>$$

즉,

$$|100>$$

이 쉽게 유도된다. 이 상태는 얽혀져 있으며 명확하게 처음상태를 복제해서 얻은 3개의 동등한 상태들의 곱이 아니다(실제로 그렇게 될 수가 없다). 어떤 의미에서 0과 1 상태들로 삼중상태가 되었고 어쨌든 이들은 얽힘상태에 닫혀 있다.

그 비트들 중의 하나 — 처음의 보조 비트 — 가 비트플립된다고 하자. 얽힘상태를 다루고 있기 때문에 어떤 장소에서 일어났든 반드시 처음의 보조 비트 값이 변화될 때는 주의를 기울여야 한다. 얽힌 상태의 양쪽 상태에서 두 번째 위치에서 비트플립이 일어났다고 생각해보자(이 위치는 밑줄로 표시하였다).

$$a * |0\underline{1}0> + b * |1\underline{0}1>.$$

만일 여기에 2개의 CNOT 보정회로 게이트를 적용한다면 위의 상태는

$$a * |010> + b * |1\underline{10}>$$

이 된다. 얽힘상태의 두 번째 항에서 처음 큐비트는 1의 값이며 두 개의 보조 큐비트들이 플립된다(밑줄친 부분). 한편 마지막에 적용되는 토폴리 게이트는 보조 큐비트 중의 하나가 1의 값을 가지므로 아무런 변화를 주지 않게 된다.

이 과정에서 매우 중요한 점을 발견할 수 있다. 양쪽의 항에서 두 개의 보조 큐비트들은 같은 값을 가지므로 중첩상태는 더 이상 얽히지 않고 분리되어 다음과 같이 된다.

$$(a * |0> + b * |1>)|10>.$$

자, 어떻게 되었는가? 이 곱에서의 처음 항은 정확하게 우리가 시작한 점의 중첩상태가 되는 것이다. 즉 보조 비트에서 비트플립의 오차는 보존하고 싶은 상태에 전혀 변화를 주지 않았다.

처음에 말한 대로 양자상태가 고전적인 경우보다 오차발생률이 훨씬 크

다. 예를 들어 양자상태는 비트플립의 오차 외에도 큐비트들은 위상오차를 일으킬 수도 있다. 위상오차의 예를 들면 위에서 고려한 중첩상태에서 두 번째 항 앞에 있는 부호가 달라지는 것을 말한다. 결국 이런 오차가 일어난 후의 상태들은

$$a * |000> - b * |111>$$

이 된다. 여기서도 위상오차를 보정할 수 있는 오차보정회로를 만들 수 있으며 양자 오차보정도 일반적으로 같은 원리에 따른다. 즉, 보존될 상태는 여러 개의 보조큐비트를 사용하여 얽힘상태로서 암호화된다. 이러한 비트 플립이나 위상오차 등이 발생한 다음에는 큐비트를 측정하지 않고도 어떤 상태가 잘못되었는가를 알아낼 수 있는 '오차 행동양식(error syndrome)'을 통해서 오차를 파악하게 되며 이를 바탕으로 마지막으로 적절한 처리가 양자 논리게이트에 취해진다.

양자 오차보정이 무엇이고 왜 중요한지 예를 통해서 개괄적 의미만을 살펴보았다. 미래의 양자계산에서 오차보정은 중요한 역할을 담당할 것이 확실하다. 선택된 물리계에서 양자보정이 얼마나 잘 이루어지는가에 따라 '가장 유용한' 양자컴퓨터가 되는가의 여부가 결정된다고 할 수 있다.

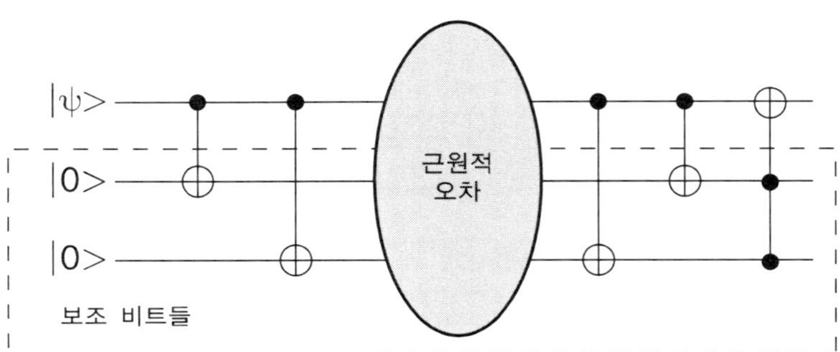

[그림 10.1] 간단한 양자 오차보정회로. 큐비트 $|\Psi>$는 두 개의 보조적인 큐비트를 사용하여 암호화된다. 오차가 발생한 후에 큐비트들은 CNOT와 토폴리 게이트를 적용하여 오차가 보정된다.

11장

불가능한 양자 기술에 도전

양자계산이란?

비록 여러분이 영화 스타트랙의 팬이 아니라도 한때 유행한 "나를 올려줘 스콧티!"[39]라는 대사는 익숙하게 들릴지도 모른다. 이 명령은 커크 선장이 기술자인 몽고메리 스콧에게 아주 먼 위치에서 "엔터프라이즈" 호로 전 우주대원들을 귀환시키도록 순간원격이동을 지시한 말이다. 여러분은 순간원격이동이 순수 공상과학에서나 있을 수 있는 일이라고 말할 것이다. 실제로 물질의 이동 없이 공간을 통해 순간이동된 사람이나 물질은 결코 실체가 될 수 없을지도 모른다. 그럼에도 양자역학에서는 입자의 양자상태가 순간원격이동하는 것을 허용하고 있다. 단, 이때 이동되는 것은 입자 그 자체가 아니고 입자의 양자상태일 뿐이다.

순간원격이동은 바로 양자물리 법칙 중에서 많이 사용되는 기술의 하나로서 서로 멀리 떨어져 있을 때조차 매우 긴밀히 연결되는 얽힘상태의 가능성을 의미한다. 먼 미래에 양자컴퓨터가 일상생활에 널리 이용되면 이 양자론적 방법은 여러 다른 방면에서 광범위하게 이용될 것이다. 그럼 이 장에서는 순간원격이동과 얽힘에 대해 간단히 알아보기로 하자.

---

39) 영화 스타트랙의 팬이라면 스타트랙 시리즈에 사용된 것이 정확한 문장이 아니라는 것을 알았을 것이다. 그렇지만 이젠 아주 친숙한 유행어가 되어 버렸다.

11.1 순간원격이동

순간원격이동(teleportation)은 얽힘관계에 있는 물체들이 멀리 떨어져 있더라도 매우 긴밀하게 연결되어 있다는 원리에 바탕을 둔 것이다. 얽힘 현상은 이미 일회용 양자암호표와 양자알고리즘에서 살펴본 바 있다. 양자 계산에서 서로 떨어져 있는 거리는 문제가 되지 않는다. 단지 두 물체가 보이지 않게 서로 연결되어 한 물체를 측정하는 즉시 다른 물체의 양자상태가 변화된다는 것이다. 순간원격이동이란 보이지 않는 연결을 통해 미지의 양자상태를 한 위치에서 다른 위치로 보내는 것으로 생각할 수 있다.

양자원격 순간이동에 대한 핵심은 두 입자의 얽힘에 있다. 앨리스와 밥이 각각 한 개의 입자를 가지고 여행을 하다가 수백 또는 수천 마일이 떨어져 있는 상황에 놓이게 되었다고 가정하자(물론 얽힘상태가 교란되지 않는 한도 내이다). 앨리스는 광자의 편광상태를 이용하여 밥에게 양자상태를 보내 연락하고자 한다. 그녀는 자신이 가진 정보가 어떤 양자상태인지 모르기 때문에(만일 안다면 너무 명백해서 평범한 이야기가 되고 만다. 앨리스는 바로 고전적인 메시지를 다음과 같이 밥에게 보내면 그만이다. “나는 수직 편

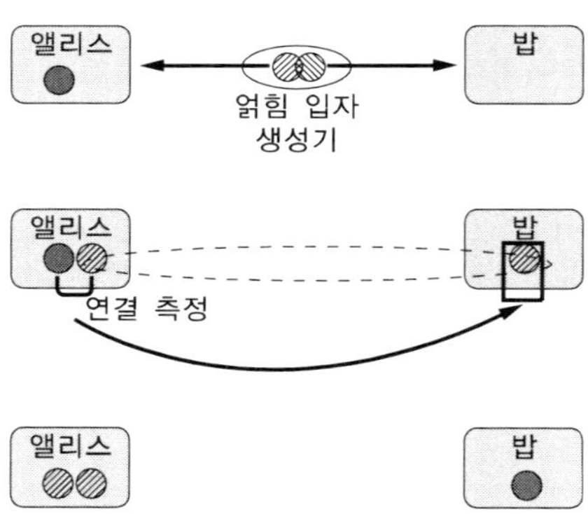

[그림 11.1] 양자원격 순간이동. 서로 공유한 얽힘상태의 광자를 받은 후에 앨리스는 연결측정을 하여 밥에게 그 결과를 통신하고 있다. 그다음에 밥은 양자상태를 다시 만들어낼 수 있다.

광을 가지고 있어요. 당신도 똑같은 편광을 만들면 좋겠어요.") 앨리스는 고전적인 방법으로는 밥에게 어떤 정보도 보낼 수가 없다. 광자를 측정해야 할 기저상태를 모르기 때문에 그녀가 정보를 보내려면 측정을 해야만 한다. 그러나 그렇게 되면 결국은 계를 교란시키게 된다. 이 딜레마에 대해서는 이미 이브의 도청을 논의할 때 앞에서 설명하였다.

지금 미지의 양자상태를 측정하는 것은 확실히 좋은 대안이라 볼 수가 없다. 따라서 미지의 양자상태를 측정하는 대신 연결측정(joint measurement)을 통하여 얽힌 광자쌍 중에 앨리스의 부분을 측정하게 된다고 하자. 여기서 연결측정에 대해서 잠깐만 자세히 알아보기로 하자. 밥은 연결측정의 결과로 자신이 갖고 있던 얽힘 양자상태가 앨리스가 처음에 갖고 있던 양자상태로 전환됨을 알게 된다(얽힘 양자상태는 앨리스의 연결측정 결과로 소멸된다). 즉, 빛보다 더 빠를 수 없다는 상대론적 조건을 만족해야 한다. 결국 양자 원격이동에서 동시적으로 메시지를 전달할 수 없다는 것은 바로 상대론에 따른 결과이다.

양자계산과 같은 양자 원격이동 프로토콜을 쓰기 위해 양자회로에 대한 지식을 이용하도록 하자. 이 원격전송 회로에 필요한 것들은

- CNOT 게이트
- 하다마드 게이트 (H라고 정의함)
- 두 번의 측정
- 두 번의 조건적 큐비트의 회전

들이다. 이에 앞서 우선은 앨리스와 밥이 얽힘상태에 있는 분자들 중의 한 개를 가지는 상황이 필수적이다. 이러한 얽힘상태는 아래와 같은 벨 상태 함수로서 가정될 수 있는데, 즉

$$|\text{얽힘상태}> = \frac{1}{\sqrt{2}}(|00> + |11>)$$

이다. 이제 순간이동을 네 단계로 나누어 나열해보자.

1단계 : 앨리스가 밥에게 보내기를 원하는 미지의 양자상태를 가지고 있다. 우리는 그 상태를 $|\Psi>$라고 부르며 다음과 같이 쓸 수 있다.

$$|\Psi> \ = \alpha * |0> + \beta * |1>$$

여기서 α와 β는 임의의 어떤 수이다(α와 β는 규격화 조건으로부터 적절하게 선택될 수 있다). 앨리스와 밥이 공유하는 벨 상태식과 같이 원격이동 프로토콜 전체의 처음 상태는

$$|\Psi_{처음}> \ = \Psi > |얽힘상태>$$

인데, 두 양자상태를 완전한 형태로 쓰면

$$|\Psi_{처음}> \ = \frac{1}{\sqrt{2}} * [\alpha(|000> + |011>) + \beta(|100> + |111>)]$$

이 된다.

$|011>$의 상태에서 왼쪽부터 두 개의 큐비트는(이 경우는 0과 1이다) 앨리스의 것으로서, 그 중 첫 번째는 미지의 양자상태, 두 번째는 얽힘구조에 해당하며, 마지막 큐비트는(이 예에서는 1이다) 밥의 부분에 해당된다.

2단계 : 앨리스는 자신의 두 큐비트를 CNOT 게이트를 통하여 전송한다

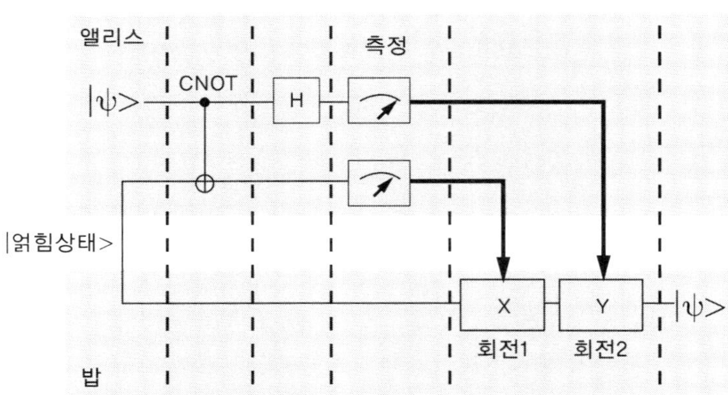

[그림 11.2] 앨리스로부터 밥으로 양자상태 $|\Psi>$를 순간이동시키는 양자회로. 가장 핵심이 되는 부분은 앨리스와 밥이 공유하는 얽혀진 벨 상태이다.

(CNOT 게이트는 처음 큐비트의 값이 1이면 두 번째의 값을 변하게 만들고 그 외의 경우는 아무 것도 변하게 하지 않는다는 것을 기억해두자). CNOT의 결과는 원래의 양자상태를 중간상태의 첫 번째인 $|\Psi_1>$으로 변하게 한다(명확하게 하기 위해 CNOT 게이트에 의해 변하는 값은 밑줄이 쳐 있다).

$$|\Psi_1> \; = \frac{1}{\sqrt{2}} * \left[\alpha(|000>+|011>)+\beta(|1\underline{1}0>+|1\underline{0}1>)\right].$$

이것이 앞에서 언급했던 연결측정의 첫 번째 단계이다. 앨리스는 얽힘 쌍에 대한 그녀의 부분을 측정하게 되는데 이 작용은 미지의 상태에 의존하게 된다. 그래서 CNOT 게이트를 앨리스의 큐비트에 작용시키면 앨리스는 자신의 미지 상태를 얽힘 쌍에서 자신의 부분으로 기억할 것이다. 밥도 마찬가지다.

3단계 : 앨리스는 그녀의 미지의 양자상태, 즉 그녀의 첫 번째 큐비트에 하다마드 게이트를 적용하는 경우이다. 하다마다 게이트는 양자상태의 기저를 변화시킨다. 즉, $|0>$ 상태를 $\frac{1}{\sqrt{2}}(|0>+|1>)$로, 그리고 $|1>$을 $\frac{1}{\sqrt{2}}(|0>-|1>)$로 변환시킨다(이것은 ±45° 회전편광에 해당한다). 그러면 앨리스가 CNOT 게이트를 적용한 후에 앨리스와 밥의 전체 양자상태는 어떻게 되는지 검토해보자. 이 상태에는 4개의 항이 있는데 앨리스의 미지의 양자상태 값에 속하는 이 항들의 값은 각각 0, 0, 1, 1이다. 한편 $|0>|1>|1>$을 간편하게 쓰는 한 방법이 $|011>$임을 기억해두자. 이제 앨리스의 큐비트에서 처음으로 나오는 $|0>$을 $\frac{1}{\sqrt{2}}(|0>+|1>)$로, 또한 $|1>$을 $\frac{1}{\sqrt{2}}(|0>-|1>)$로 대체해보자. 이것은 하다마드 게이트를 수행한 것과 동일하며 결국 두 번째 양자상태 $|\Psi_2>$에 도달하게 된다.

$$|\Psi_2> \ = \frac{1}{\sqrt{2}} * [\alpha((\frac{1}{\sqrt{2}}(|0>+|1>))|00>+\alpha((\frac{1}{\sqrt{2}}(|0>+|1>)|11>) + \beta((\frac{1}{\sqrt{2}}(|0>-|1>))|10>+(\frac{1}{\sqrt{2}}(|0>-|1>))|01>))]$$

조금 복잡해 보이지만 이 방정식을 조금만 다시 정리하면 다음 단계를 쉽게 예측할 수 있다. 만일 관심이 있다면 이렇게 전개되는 과정을 스스로 한 번 체크해보기를 바란다. 위의 식에서 항들을 괄호로 다시 묶으면 양자상태 $|\Psi_2>$는

$$|\Psi_2> \ = \frac{1}{\sqrt{2}} * [|00>(\frac{1}{\sqrt{2}}(\alpha|0>+\beta|1>))+|01>(\frac{1}{\sqrt{2}}(\alpha|1>+\beta|0>)) + |10>(\frac{1}{\sqrt{2}}(\alpha|0>-\beta|1>))+|11>((\frac{1}{\sqrt{2}}(\alpha|1>-\beta|0>))]$$

이 되며, 식을 꼼꼼하게 살펴본다면 곧 이해할 수 있을 것이다. $|\Psi_2>$의 처음 표기에서 앨리스의 최초의 큐비트는 $|0>$과 $|1>$의 중첩으로 되어 있지만 새로운 표기(세 번째 식이 이에 해당한다)에서는 얽힘상태의 밥에 해당하는 부분이 중첩되어 있다. 마술을 부린 게 아니고 단순히 수학규칙에 따른 것이다. 양자상태의 경우, 우리가 선택한 방법으로 다시 쓸 수 있다. 예를 들어 $1+2+3+3+2+1$을 암산하는 원리와 비슷하다. 만일 이 식의 대칭성을 안다면 $1+1+2+2+3+3$로 다시 쓰고(또는 생각하거나) $1+2+3$을 2배로 하여 12라는 결과로 즉시 답했을 것이다.

그러나 다시 새로운 표기 $|\Psi_2>$로 되돌아가 그 식을 자세히 관찰해보자. 합의 형태에서 나타난 4개의 항은 $|0>$과 $|1>$의 가능한 조합으로 앨리스가 가진 큐비트와 밥이 가진 큐비트에 대한 중첩상태에 해당한다. 지금 앨리스가 두 번 측정을 한다고 생각해보자. 한 번은 그녀의 처음 큐비트에 대해(미지의 상태) 측정하고 또 하나는 그녀의 두 번째 큐비트(그녀의 얽힘 쌍의 한 부분)에 대해서 측정했다고 하면 앨리스의 큐비트의 항들은 각각 $|0>$과 $|1>$ 상태의 간단한 곱이 되고 이 측정의 결과는 00, 01, 10, 11의 4개의

조합 중의 하나가 될 것이다. 따라서 각 경우에 밥의 큐비트는 특별한 값을 갖는 한 쌍의 유일한 상태로 결정되고 만다. 예를 들어 만일 앨리스가 00을 측정하면 밥의 큐비트는 $\frac{1}{\sqrt{2}}(\alpha * |0> + \beta * |1>)$의 상태가 될 것이다. 이 상태는 매우 익숙해져서 눈에 금방 들어올 것이다. 그렇다. 바로 앨리스의 처음 미지의 상태와 정확히 같다. 즉, 원했던 대로 밥에게 전해진 것이다. 물론 앨리스가 00을 측정하는 경우는 4개 중에서 단 한 번일 것이다. 그러므로 만일 그녀가 경우의 수에 의해서만 좌우된다면 자신의 양자상태를 밥에게 성공적으로 보낼 확률은 25 % 정도이다.

그러나 앨리스가 00을 측정하지 않는 경우에도 밥은 정확한 양자측정을 하게 될 수도 있다. 만일 앨리스가 01을 측정했다고 하자. 이 경우에 밥의 양자상태는 측정 후에 $\frac{1}{\sqrt{2}}(\alpha * |1> + \beta * |0>)$이 되는데 이것은 앨리스가 보내려는 상태는 아니다 — 여기서는 상태 $|0>$과 $|1>$이 서로 뒤바뀌었다. 그럼에도 $|0>$과 $|1>$을 서로 맞바꾸어 $\frac{1}{\sqrt{2}}(\alpha * |0> + \beta * |1>)$ 상태로부터 $\frac{1}{\sqrt{2}}(\alpha * |1> + \beta * |0>)$ 상태로 복원시킬 수 있는데 이 과정은 양자 NOT 게이트를 적용한 것과 같은 결과이다. 따라서 앨리스가 해야 할 일은 밥에게 전화를 걸어 메시지 01을 보내고 밥에게 양자 NOT 게이트를 수행하라고 알려주어야 한다. 이와 비슷하게 10과 11의 결과의 경우에서도 밥은 다른 양자게이트를 사용하여 앨리스가 보내고자 하는 상태에 도달할 수 있다.

실제로 양자원격 순간이동이란 금방 실현될 수 있는 매우 단순한 이론이 아니다. 따라서 연습 실험단계가 이루어지고 있다. 1997년 이탈리아의 로마에서 얽힘광자에 대한 선구적인 두 가지 실험이 선을 보였고 그 이후로 많은 실험이 잇달아 수행되었다. 실험은 광자를 이용하기도 하지만 원자를 이용하기도 한다. 얽힘을 토대로 한 양자원격 순간이동은 미래의 양자컴퓨터에서 중요한 역할을 하게 될 것이다. 예를 들어 양자컴퓨터의 네트워트는 한 위치에서 다른 위치로 아주 정확하게 전달하여 먼 거리의 양자컴퓨터를 서로 연결할 수 있을 것이며 양자상태를 물리적으로 전혀 건들지 않고도 자유자재로 전송이 가능하도록 만들 것이다.

11.2 깨기 어려운 암호(양자 조밀화 암호 ; Quantum dense coding)

양자 원격이동에서 과학자들이 왜 얽힘을 하나의 '근원적' 요소로 여기는지 점점 분명해진다. 얽힘은 그 자체로서는 특별히 쓸모 있는 것은 아니다. 그러나 얽힘은 고전적인 세계에서는 상상할 수 없는 일을 가능하게 만들 수 있다. 불가능해 보이는 것을 우리가 성취하는 데 얽힘 현상이 어떻게 도움이 되는지 잠시 알아보기로 하자. 예를 들면 한 개의 큐비트로 두 개의 정보를 보내는 일을 생각해보자. 단 한 개의 고전적인 비트만을 사용하여 두 비트의 정보를 보내는 일은 불가능하다. 즉, 한 비트는 두 개의 값 0, 1 중의 하나이며 오직 정보의 한 부분만이 그 비트를 통해서 전달될 수 있다. 큐비트가 상태 $|0>$과 $|1>$의 중첩으로 될 수 있으므로 한 개의 큐비트를 사용하여 한 조각 이상의 정보를 보내는 일이 가능하다고 생각할 수도 있다. 그렇지 않다. 그건 확실히 틀렸다!

왜 그런지 설명하기 전에 우선 알아둘 사항이 있다. 앨리스가 $\alpha|0>+\beta|1>$ 상태를 만들어 정보를 암호화한다고 가정해보자. 여기서 인자 α와 β는 0과 1 사이의 무한개의 수가 가능하다(상태는 항상 규격화된다는 제한이 있다). 이론적으로 앨리스는 비트를 제한된 개수로 암호화할 수 있다(앞의 상수는 이진법에서 임의의 정도를 나타낸다). 그러나 이 상태를 받은 밥은 정확한 정보를 얻기 위해서 측정을 해야만 한다. 미지의 양자상태에 대한 측정은 마구잡이의 결과를 주며 측정될 확률은 중첩상태의 계수에 의존한다는 것을 배웠다. 사실 밥에게는 측정의 기회가 단 한 번만 주어지며 이것은 별로 도움이 되지 않는다. 따라서 중첩상태로 정보를 보낸다는 것은 오히려

정보가 전혀 전달되지 않는 상황으로 악화될 뿐이다.

또 다른 방법으로는 앨리스가 그녀의 양자상태를 매우 잘 알려진 기저상태, 예를 들어 광자의 수직-수평 편광기저로 준비하는 것이다. 만일 앨리스와 밥이 이 기저를 사용하는 것에 서로 동의했다면 앨리스는 수직 편광 $|0>$과 수평 편광 $|1>$의 상태로 암호화하여 밥에게 전달한다. 밥은 그 측정 기저에 대해 이미 알기 때문에 측정할 때 0이나 1 둘 중의 하나를 받을 확률은 100 %이다. 그럼에도 불구하고 전달된 정보는 정확하게 하나의 비트일 뿐이다. 역시 큐비트를 사용하는 것은 도움이 되지 않는다.

실제적으로 단일 양자채널은 고전적인 채널보다 더 많은 고전적인 정보(예를 들어, 비트들)를 전달할 수가 없다. 이것을 '홀레보의 속박(Holevo bound)'이라고 부른다. 다른 말로 표현하자면 고전적인 정보를 전달하려 할 때 양자상태의 사용이 더 이득이 되지는 않는다는 것이다.

그러나 앨리스와 밥이 양자상태의 얽힘쌍을 공유하는 경우에는 위와 다르다. 앨리스는 밥에게 두 개의 정보가 담긴 비트를 보낼 수 있다. 그러나 어떻게 보낼 것인가? 앨리스와 밥이 서로 얽힘상태를 공유한다고 가정해 보자.

$$|\text{얽힘상태}> = \frac{1}{\sqrt{2}}(|00>+|11>)$$

위의 상태는 이미 양자원격이동에도 사용되었다(어떤 다른 얽힘상태도 마찬가지로 적용된다). 벨 상태의 각 항에서 처음 상태들은 앨리스에 달려 있고 다른 것은 밥의 상태에 속한다. 앨리스는 얽힘 쌍에서 그녀의 부분을 취하여 4개의 연산 중의 하나를 수행할 수 있다. 가능한 연산은

1. 그녀가 아무 것도 하지 않는다. 그래서 상태는 그대로 남는다.
2. 그녀는 상태 $|0>$을 그대로 두고 $|1>$을 $|-1>$ 상태로 바꾼다. 즉, 앨리스는 $|1>$ 상태의 위상을 변하게 만든다. 이것은 조건적 위상게이트를 실행시키는 것과 같다. 여기서 "조건"은 만일 상태가 $|1>$이라면

위상이 변하고 그 외는 변하지 않는 것이다. 앨리스와 밥 사이의 상태에 대한 완전한 식은

$$\frac{1}{\sqrt{2}}(|00>-|11>)$$

이 되고 이것은 벨의 4개 상태 중의 하나가 된다. 앨리스는 처음의 벨 상태를 다른 벨 상태로 변환시킨다. 단, 여기서 앨리스는 벨 상태를 변화시키기는 하지만 측정을 하지 않는다는 것은 중요한 사실임을 다시 한 번 강조한다. 측정을 하지 않기 때문에 앨리스는 양자상태에 대해서 어떤 정보도 얻지 못하게 된다.

3. 앨리스는 양자상태를 $|0>$에서 $|1>$, 또는 그 역으로 변화시킨다. 그러므로 처음 본래의 벨 상태는 다음과 같이 전환된다.

$$\frac{1}{\sqrt{2}}(|\underline{1}0>+|\underline{0}1>).$$

여기서 상태가 변한 경우는 밑줄쳐 놓았다. 전문용어로 말하자면 앨리스는 그녀의 상태에 양자 NOT 게이트를 작용시켜서 그 결과가 또 다른 벨 상태가 되게 만든다.

4. 앨리스는 연산 2와 연산 3 과정을 결합시킨다(즉, 앨리스는 NOT 게이트와 조건적인 위상게이트를 작용시킨다). 따라서 상태는

$$\frac{1}{\sqrt{2}}(|\underline{1}0>-|\underline{0}1>)$$

이 되는데 이것은 앨리스가 자신의 양자상태를 4개의 벨 상태 중의 하나로 변환시킨 과정에 해당한다. 벨 상태들 중의 하나가 생성된 것을 확인하려면 앨리스는 자신의 양자상태를 밥에게 보내야 하고 밥은 앨리스가 보낸 것과 자신의 상태를 연결측정을 해야만 한다(연결측정이란 이미 순간이동에서 설명한 바와 같다.) 4개의 가능한 상태를 구분해내려면 두 개의 비트가 반드시 필요하다. 따라서 바로 이것은 앨리

스가 두 비트의 정보를 밥에게 전송하는 것으로 볼 수 있다.

한편, 앨리스가 밥에게 보낸 큐비트를 이브가 가로챈다면 어떻게 될까? 이브는 그것으로부터 어떤 정보라도 얻어낼 수 있을까? 여러분도 추측했을 테지만 대답은 "아니다"이다. 앨리스는 양자상태에 그 자체로는 어떤 정보도 가지고 있지 않다. 정보는 다른 얽힘상태의 부분을 가지고 있는 밥에게서만 얻어낼 수 있다. 또한 밥도 두 개의 양자상태에 대한 벨의 연결측정을 시도해야 얻어낼 수 있는 것이다. 즉, 비밀은 얽힘상태 사이의 관계식에 있는 것이다.

여러분은 약간 속은 느낌이 든다고 할지도 모르겠다. 왜냐하면 분명히 두 조각의 정보를 단일 큐비트로 전달하는 것은 공유한 얽힘상태의 다른 조각들이 쓸모없는데도 공유하도록 만든 것 같기 때문이다. 이것은 사실이다. 바로 이것이 얽힘을 하나의 "근원"이라고 부르는 이유라 할 수 있다. 앨리스와 밥은 원리적으로 어떤 시점에서 얽힘상태를 공유할 수 있고 그다음 몇 년이 지나서, 또는 수천 마일 떨어져 있을 때도 그들은 정보를 전달하기 위해 얽힘상태를 사용할 수 있다. 그들이 양자채널을 가지고 있는 한 사용할

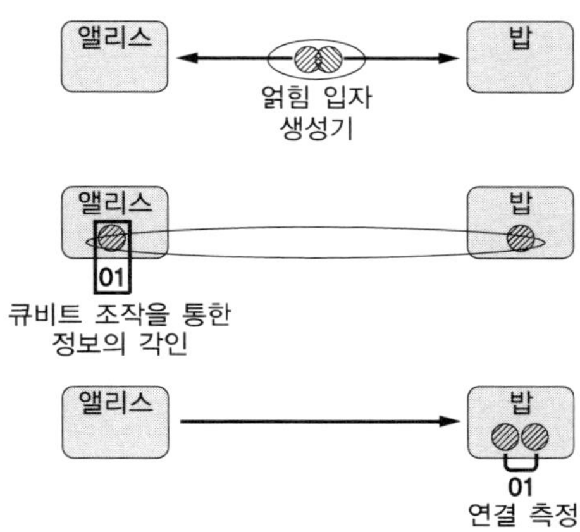

[그림 11.3] 얽힘의 양자상태를 사용한 조밀화 암호. 앨리스는 공유한 얽힘상태에서 자신의 해당 부분을 처리한 다음 밥에게 보내는데 밥은 연결측정을 하여 정보를 복원시킨다.

수 있다. 어떤 면에서 이런 방법의 양자 조밀화 암호는 양자암호의 특수한 종류라고 할 수 있다. 물론 지금도 공유된 얽힘 큐비트의 양자상태를 이용하여 암호화한 다음 직접 메시지를 보낼 수 있다. 이것은 결코 마술이 아닌 바로 양자역학이다.

12장

꿈인가 실제인가?

양자정보의 과거, 현재, 그리고 미래

2003년에 MIT 기술 회보(*MIT Technology Review*)는 "세계를 바꿀 수 있는 10가지 기술"에서 양자암호를 소개했고 2007년 컴퓨터 세계(*Personal Computer World*)란 잡지는 "미래의 10가지 기술" 중의 하나로 양자컴퓨터를 지목하였다. 지금까지 알려진 사실로 미루어볼 때 양자정보는 미래의 기술 응용에서 큰 기대를 모으고 있는 기술이 확실하다. 그러나 아직 양자컴퓨터는 걸음마 단계이며 실험적인 단계에 머물러 있는 상태이다. 이 장에서는 양자비트와 양자암호의 세계에 대해 알아보는 여행을 마무리하면서 현재와 다가올 미래에 대해 포괄적으로 분석해보고자 한다. 우선 양자정보의 역사를 간단히 요약하여 지금까지 기술이 어떻게 발전되어 왔는지 훑어보기로 한다. 여기에 열거된 변화의 열쇠가 된 사건들은 이 책의 앞에서도 이미 설명한 바가 있지만 역사적인 관점이란 면에서 다시 살펴보는 것도 크게 나쁘지는 않을 것이다.

12.1 과거

양자정보(quantum information)[40]의 역사에서 양자암호로 발전될 독창적인 아이디어는 스티브 위즈너(Steve Wiesner)란 한 청년으로부터 시작되었는데 이 아이디어는 곧 이어서 양자암호의 발전을 가져왔고 정보과학과 계산에서 일반적으로 양자역학의 역할의 중요성을 다시 생각해보는 계기를 만들었다. 실제로 "곧 이어서"란 말이 무색할 정도로 다른 사람들이 양자역학이 이용할 가치가 있다고 미처 생각하기도 전에 위즈너의 아이디어는 10년 동안 과학자에게 급속하게 퍼져 양자역학을 알리는 데 훌륭한 역할을 하였다. 1970년 무렵 '짝암호화(conjugate coding)'를 고안해낼 당시에 위즈너는 단지 브랜데이즈대학의 학부생이었을 따름이다.

그는 자신의 기본 이론을 몇 개의 예를 들어 설명하고 필사본으로 만들었는데 그 중 하나는 '짝암호'에 대한 것으로 시대에 앞선 것이었다. 위즈너는 짝암호의 방법이 위조 지폐의 유통을 막는 데 유용하다고 생각하였다. 짝암호의 기술을 이론적으로 소개하면 간단한 원리로서 다음과 같다. 각 지폐에 '양자 일련번호(quantum serial number)'를 인쇄한다. 이 일련번호는 광자(다른 양자입자일 수도 있다)로 구성되는데 이것을 매우 작은 상자에 넣어 잠궈놓는다. 수평이나 수직 편광된 광자들이 들어 있는 이런 상자들은 그 일련번호가 각각 1과 0이 된다. 그 이외의 상자들은 ±45° 로 편광된 광자들이 포함된다. 위조자는 복사를 위해 일련번호를 알아내려 할 것이고 각 상자에 대해 기본 기저를 갖게 되지만 받은 기저의 반은 올바르지 않다. 그러므로 위조된 지폐는 자릿수의 약 4분의 1이 올바르지 않게 된다. 이것은 10년 후에 발전된 BB84 프로토콜과 비슷하다.

위즈너는 그의 논문을 과학 저널지에 투고하였으나 거절되었다. 너무 창의적이었던 위즈너의 아이디어는 편집자들에게 오히려 이상하게 보였을지도 모른다. 결국 그 논문은 게재할 가치가 없는 것으로 판정되어 실리지 못했으나 다행스럽게도 위즈너의 동료인 찰스 베네트(Charles Benett)는 위즈너의 아이디어를 지지해 주었으며 짝암호에 대한 작업을 계속하도록 용

---

40) 양자정보의 간략한 역사는 여러 자료들의 도움을 받았는데 특히 질 브라사드(2005)와 데이비드 디빈센쪼의 강연(2006)을 참고하였다.

기를 불어넣어 주었다. 나중에 베네트도 양자암호에 대한 연구를 시작하게 된다.

12.1.1 파인만의 입력

1981년에 MIT의 에디콧 하우스에서는 "물리학 그리고 계산"을 주제로 회의가 열렸다. 회의 참석자 중의 한 사람은 노벨상을 수상한 바 있는 리처드 파인만(Richard Feynman)이었다. 파인만은 번뜩이는 직관력으로 전혀 다른 물리학의 분야들을 연결시킨 유명한 물리학자이다. 파인만은 이 회의에서 기조연설을 하였는데 그 내용은 후에 "시뮬레이션 물리학"이란 제목으로 연구저널지에 실렸다. 그 연설의 내용은 한동안 흥미를 끌었던 논제인 컴퓨터로 양자역학적 세계를 시뮬레이션할 수 있는가에 대한 것이었다. 이에 대해 파인만은 "보편적 양자 시뮬레이터"를 가정한다면 가능하다고 하였다. 그것을 실행하는 필수적인 장치는 양자컴퓨터이고 이 컴퓨터의 비트들은 양자물리 법칙에 따라야 한다고 하였다. 불행하게도 파인만의 아이디어는 더 발전될 수 없었는데 파인만이 1988년에 병으로 세상을 떠났기 때문이다.

그 사이 양자암호도 형태를 갖추기 시작했다. 1984년에 찰스 베네트와 질 브라사드가 양자키 분포에 대한 프로토콜을 논문으로 발표하였는데 이것은 나중에 BB84 프로토콜로서 유명하게 알려지게 된다. 5년 후에 그들은 그 프로토콜 방식에 대한 간단한 실험을 실행에 옮겼다. 베네트와 브라사드의 예상치 못한 성공은 거의 동시에 많은 세계의 연구 그룹들에게 양자암호의 실험에 박차를 가하는 계기가 되었다.

양자암호가 가장 큰 활주로로 이륙하는 동안 양자계산은 그제야 겨우 시작이 되었다. 영국 옥스퍼드대학에 있던 물리학자인 데이비드 도이치는 1984년 왕립학회의 회보에 파인만의 아이디어를 기반으로 한 보편적 양자컴퓨터에 대한 논문을 게재하였다. 도이치는 그 양자컴퓨터를 여는 열쇠가 바로 양자 특성을 갖는 '비트(bit)'라는 것을 깨닫게 되었다. 따라서 양자컴퓨터에서 양자적인 특성을 나타내는 양자비트들을 '큐비트(qubits)'라고 하였다. 이러한 큐비트들은 "0"과 "1"의 양자상태의 중첩으로 모든 가능한 양자중첩상태로 존재할 수 있다. 예를 들어 도이치는 0과 1의 중첩상태의 큐비트가 제어된 NOT 게이트로 입력될 때 어떤 과정이 일어나는지를 보였다. 게이트의 출력은 제어와 출력 큐비트의 결과로 정확히 분리될 수가 없다. 그것은 서로 얽혀 있기 때문이다.

또한 도이치는 양자역학 법칙을 기초로 한 양자컴퓨터가 단순히 또 하나의 다른 방식으로 일을 처리하는 단순한 과정이 아니고 통상의(고전적인) 컴퓨터가 할 수 없는 일들을 수행할 수 있다는 것을 보였다. 예를 들어 처음으로 그는 균형함수와 상수함수를 구분할 때 단 한 번 그 함수를 계산하는 것만으로도 구분이 가능해지는 알고리즘을 고안하였다. 이것은 처음으로 양자병렬성을 인식하기 시작했다는 것을 의미한다. 양자병렬성이란 양자컴퓨터가 여러 개의 입력값을 동시에 수행할 수 있는 것을 말한다. 따라서 양자컴퓨터를 사용하게 된다면 양자중첩상태의 최종적인 결과는 하나의 계산만 처리한 것보다 훨씬 더 많은 정보를 가져다준다.

양자컴퓨터의 프로그래밍에서 실제적인 돌파구가 열린 것은 피터 쇼어가 소인수분해의 알고리즘에 대한 논문을 출간한 1994년 무렵이었다. 이때의 양자병렬성은 대수롭지 않은 정도에서 거대한 차이를 만드는 것으로 바뀌었다. 소인수에 대한 고전적인 알고리즘은 소인수분해할 수의 길이가 증가할 때마다 지수함수적으로 처리속도가 감속되는 반면에 쇼어의 알고리즘은 수백 개의 자리수를 처리하는 시간이 수천 년에서 두세 시간으로 줄일 수 있는 대단한 능률을 보일 수 있다는 것이다. 그 후 얼마 되지 않아 로브 그로버는 비구조화된 목록에서 제시간 안에 원하는 항목을 찾는 검색 알고리즘을 선보였다. 그로버의 알고리즘에서 계산 처리에 걸리는 소요 시간은 목록의 항목수에 비례하여 증가하지 않고 제곱근에 비례하게 된다.

양자컴퓨터의 잠재적인 영향력이 명확해지자 이런 막강한 프로그램을 수행할 수 있는 장치를 실제적으로 만들기 위한 연구가 앞다투어 진행되기 시작하였다. 특히 병렬적 실험이 이루어진 이후로 이온트랩에서부터 양자점에 이르기까지 많은 다양한 실험이 이루어지고 있다. 최근의 10년간은 몇 개의 큐비트들을 사용한 간단한 양자 논리게이트와 알고리즘에 대한 실험이 이루어지고 있으며 현재의 한계를 극복해내기 위한 연구에 많은 비용과 노력이 투자되고 있다.

12.2 현재

고전적인 컴퓨터의 역사와 비교할 때 양자컴퓨터의 현재 위상은 어떠하다고 말할 수 있을까? 이에 대해 디빈센쪼는 현재의 양자컴퓨터는 역사적으로 1950년대의 전자컴퓨터 당시의 상황과 비슷하다고 답하고 있다. 1947년에 트랜지스터가 처음 발명되었는데 이 반도체 장치는 나중에 컴퓨터회로를 작게 만들면서 컴퓨터의 성능을 강력하게 만들었다. 이로부터 컴퓨터를 구성하는 칩이 점점 고밀도화되어 18개월마다 컴퓨터의 속도가 2배나 증가된다는 무어의 법칙이 시작되었다고 할 수 있다. 1950년 당시의 컴퓨터는 역학적 기계와 진공관이 사용되었기 때문에 무게가 수톤에 달했다. 양자계산의 현주소도 이와 같은 상황이라 할 수 있으며 넓게 양자기술을 활용할 수 있는 기계들은 아직도 이삼십 년이나 더 기다려야 할지도 모른다.

어떻게 보면 지금은 과거보다 상황이 더욱 나쁘다고 할 수도 있다. 비록 1950년대의 공학자들은 컴퓨터에 비효율적 진공관을 이용하고 있었지만 회로에 "적합한" 트랜지스터는 이미 개발되어 있었다. 그러나 현재 양자컴퓨터는 트랜지스터와 같은 적합한 장치가 아직 없으며 개발이 절실한 상황이다. 어느 과학자도 양자컴퓨터를 발전시킬 만한 확실한 기술이 발견되었다고 단언하여 말하지 못한다. 양자점이나 초전도 접합점과 같은 기술이 향상된 면도 있지만, 그 외 다른 대안이 없다고 말하기는 아직 이르다고 할 수 있다. 미처 발견되지 않는 양자 논리게이트나 다른 적합한 양자 회로 시스템이 정말로 존재할 수도 있는 것이다. 물론 1950년대에 별로 전망도 없었던 유체펌프를 이용한 공기압 컴퓨터의 제작에 투자했듯이 현재에도 잘못된 기술에 투자할 가능성도 배제할 수 없다.

따라서 지금의 양자계산은 1940년대의 고전컴퓨터의 개발시대와 유사하다고 보는 쪽이 더 정확할지도 모른다. 이론적 아이디어와 양자컴퓨터를 실제로 만들려는 노력도 이루어지고 있으므로 "적합한" 신기술이 발견되는 약간의 행운이 함께 한다면 양자컴퓨터의 개발을 이루어낼 수 있다. 현재 새로운 기술은 이삼 개월마다 제안되고 시험되고 있다.

최근에는 다이아몬드[41] 내에 질소 빈자리 결함을 기초로 한 연구가 계획되고 있다. 다이아몬드는 탄소분자의 큐빅 격자구조로 이루어져 있다. 이에 더하여 질소와 브롬과 같은 몇 개의 다른 분자들을 이 구조에 합성시키면 불순물로 첨가된 이 원자들로 하여 다이아몬드는 특수한 색깔을 띠게 된다. 이와 유사한 방법으로 몇 개의 탄소원자들을 격자구조로부터 이탈하게 만들 수 있는데 소위 말해서 빈자리를 만드는 것이다. 가끔 빈자리는 불순물의 옆자리에서 발견될 수 있다. 이때 만일 질소 불순물이 빈자리 옆에 바로

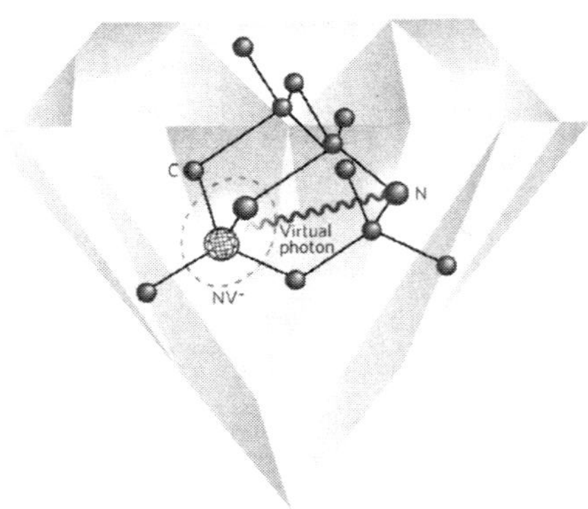

[그림 12.1] 다이아몬드에서의 질소 빈자리 결함. [네이처지 442권 49쪽(2006). 맥밀란 편집장으로부터 인쇄허가를 받음.]

41) P. Kok와 B. W. Lovett(2006), M. V. Dutt 외(2007).

위치한다면 탄소원자 사이의 화학결합에 포함되지 않는 전자들은 과잉으로 남게 된다. 이 전자들은 '스핀 위'와 '스핀 아래'를 갖는 화합물을 만드는데 이것은 큐비트로 만들기에 적합하다.

이러한 '다이아몬드 큐비트'의 제어는 마이크로파를 사용하여 과잉으로 남는 전자들을 $|0>$(스핀 위)와 $|1>$(스핀 아래) 상태 사이에서 전환되게 한다. 레이저빛을 다이아몬드에 쪼이면 전자들의 상태에 따라 많이 혹은 적게 빛을 흡수하게 되는데 이를 통해 큐비트의 값을 읽게 된다. 다이아몬드 큐비트의 결맞지 않는 시간은 50 μs 정도인데 이 정도의 시간은 초전도 큐비트의 보통의 결맞음시간보다 훨씬 더 길다. 또한 질소 빈자리 결함과 이웃하는 질소분자의 결함(빈자리 없는)도 '가상광자'에 의해 서로 결합되므로 두 개의 큐비트 게이트를 실현하는 데 매우 중요하다.

12.3 미국고등기술연구처(ARDA)의 기술개발계획안(roadmap)

지금까지 각 대학이나 연구기관에서 수행한 양자암호와 양자계산에 대한 실험들에 대해 접해보았다. 그러나 양자계산과 양자암호는 물리학의 연구와 비교해서 좀 다른 면이 있다. 비록 이 분야의 연구들은 아직 기본적인 연구에 머물고 있지만 양자정보는 '파격적인 기술'로서 인정되고 있다. 그 이유는 바로 한번 기술이 성공된다면 전혀 다른 세상을 만들 수 있다고 생각되기 때문이다. 따라서 비밀을 지키거나 도청하는 데에 매우 강력한 기술인 양자정보 분야는 정부나 이에 관련된 첩보기관이 매우 관심있게 그 진보를 주시하는 것은 당연한 일일 것이다.

이러한 양자계산에 대한 관심은 미국의 정보공동체 재정기관(미국무부와 CIA를 포함한 16개 미정부기관의 연합을 말한다)인 고등기술연구처(ARDA, 지금은 기술혁신국, DTO로 불린다)의 중장기 발전방안에도 반영되고 있다.

이 발전 방안의 초기 안은 2002년에 마련되었고 2004년에 두 번째 갱신되었다(2007년에 다시 갱신예정이었다.) 이 문서들은 현재의 이 분야의 최첨단기술을 망라하고 미래에 구축하고 달성해야 할 현실적인 목적을 정의하고 있다. 현재 이 ARDA 발전방안의 로드맵의 시간 지평선은 2012년이다. 그때까지 양자계산은 시험대에 있게 된다는 것인데 다시 말하면 2012년까지 알고리즘을 시험할 수 있는 정도의 양자컴퓨터가 가동될 수 있어야 한다는 것이다. 그 정도의 능력의 양자컴퓨터는 적어도 50큐비트 정도는 되어야만 오차보정도 가능할 것으로 예측된다.

12.4 양자 시뮬레이터

오늘날 컴퓨터의 위력은 바로 유연한 적응성이라고 해도 과언은 아니다. 하나의 장치(프로세서와 기억장치, 하드디스크)로 문서편집을 하기도 하고 게임도 즐길 수 있고 영화 감상까지 할 수 있다. 이때마다 우리가 하는 일은 오직 컴퓨터 메모리에 다른 프로그램을 장착하는 일뿐이다. 만일 매번 다른 것을 하려 할 때마다 기계의 배선을 바꾸어야 한다면 어떨까? 예를 들어 컴퓨터 뚜껑을 열고 몇 개의 칩을 꺼내고 다른 것을 삽입하고 다시 선을 조정하는 등의 작업을 거쳐야 한다면 컴퓨터의 매력은 덜할 것이다. 우리는 명령에 따라 실행되는 융통성 많은 컴퓨터에 이미 익숙해져서 양자컴퓨터에서도 같은 일이 행해지기를 바랄지도 모른다. 그러나 그런 일이 가까운 미래에는 일어나지는 않을 것이 확실하다.

첫째로 수많은 양자컴퓨터의 알고리즘은 한계를 드러낼 것으로 예상되며 또한 가까운 시일 내 새로운 알고리즘을 발견할 수 있을지를 예측할 수 없다. 그러나 이미 알려진 알고리즘이 컴퓨터의 능력을 혁신시킬 수 있는 가능성이 전혀 없다는 의미는 아니다. 실제로 많은 수학적 문제는 소인수와 데이터베이스 검색이라는 방법으로 전환될 수가 있다.

둘째는 한 종류의 문제만 다룰 수 있는 '단순한' 컴퓨터가 어쩌면 유용할 수도 있다는 점이다. 예를 들어 일기예보를 위해서만 만들어진 컴퓨터가 그 외의 다른 일은 아무것도 처리할 수가 없다고 생각해보자. 만일 일기예보만을 위해 만들어진 컴퓨터가 미리 이삼 주 내의 날씨를 정확하게 예보한다면 비록 그 컴퓨터로 체스를 하지 못하거나 소설을 쓸 수 없을지라도 대단히 유용한 컴퓨터인 것이다. 현재 보편적인 양자컴퓨터의 실행을 위해 연구되는 기술들은 양자계의 거동만을 집중하여 처리하게 될 '양자 시뮬레이터(quantum simulator)'의 구축에도 활용될 수 있다. 양자 시뮬레이터는 리처드 파인만이 제안한 것으로 통상의 컴퓨터에서 계산할 수 없는 양자계의 거동을 정확히 예측할 수 있는 컴퓨터이다.

특별히 많은 입자를 포함하는 양자계는 고전적인 컴퓨터로는 시뮬레이션이 어렵다고 하지만 같은 이유로 인해 양자컴퓨터에서는 더욱 강력해질 수가 있다. 양자컴퓨터가 어떤 알고리즘을 지수함수적으로 속도를 올릴 수가 있는 반면 고전컴퓨터는 양자계의 크기가 커지거나 더욱 복잡해지게 되면 지수함수적으로 처리속도가 감소되기 때문이다. 예를 들어 두세 개 정도의 큐비트들을 가지고도 동시에 "0"과 "1"의 수백 개의 가능한 조합으로 된 중첩상태에 놓일 수 있으므로 고전컴퓨터의 경우는 계산과정 동안 이런 모든 과정을 다 추적해내야만 한다. 이 과정은 많은 메모리 용량을 요구하며 처리과정에서 속도를 심각한 정도로 느리게 하는 결과를 낳게 된다.

양자 시뮬레이터를 구축하는 한 가지 가능성은 광학격자를 사용하는 것이다(9장). 많은 연구그룹들이 현재 고체상태에 있는 계의 양자적인 거동에 대한 시뮬레이션을 발전시키고 있는데 일부 과학자들은 그와 같은 시뮬레이터가 고온 초전도체의 신비의 베일을 벗길 수 있을 것으로 기대하고 있다.

12.5 상업적 가치가 있는 계

2007년 2월 13일에 캐나다의 D-Wave 사[42]는 세상을 깜짝 놀라게 한 새로운 발견을 했다고 발표한 적이 있다. 여러 신문에서는 상업적인 가치를 갖는 양자컴퓨터의 발명에 대한 기사를 액면 그대로 기사화하였다. 마운틴뷰에 있는 컴퓨터 역사박물관에서 기자 회견이 이루어지는 동안 기자와 전문가 그리고 일반 사람들은 "오리온(Orion)"이라는 양자컴퓨터가 수도쿠(sudokus) 퍼즐을 풀고 파티의 좌석을 배치하는 업무를 수행하는 것을 보았다. 그 후 그 컴퓨터는 실용적인 이유에서인지 회사가 요구해서 그런지 분명하지는 않지만 지금은 박물관에 없고 인터넷을 통해 원격조정된다고 하였다. 그 회사의 대변인이 설명하기를 그 양자컴퓨터의 16개의 큐비트는 작은 초전도체의 루프로 만들어졌는데 그것의 두 방향의 전류로부터 $|0>$과 $|1>$의 상태의 중첩상태를 만들 수 있었다고 밝혔다. 2008년까지 그 숫자는 512큐비트로 증가될 것으로 기대된다고 하였는데, 이것은 다른 연구실험실이 이 당시까지 목표삼아 수행하고자 했던 큐비트의 50배에 해당하는 양이다. 그렇다면 오리온은 실제로 여러분과 가장 가까운 거리의 컴퓨터매장에 진열될 최초의 양자컴퓨터로 역사에 남게 될 것인가?

대부분 이 분야의 전문가들은 그렇게 되리라고 믿지 않는다.[43] 무엇보다도 D-Wave 사가 그들의 장치에서 얻은 자세한 기술적인 데이터를 공개하지 않아서 그 회사가 주장한 바대로 오리온이라는 양자컴퓨터의 존재를 실제로 검증할 수가 없다는 점 때문이다. 또한 다른 실험실에서 두세 개의 큐비트를 가지고 씨름하고 있는 동안 16개의 큐비트 기계를 만들었다는 D-Wave 사의 기술에 대한 세부적 과정이 전혀 밝혀지지 않았다. 물론 D-Wave 사가 여러 큐비트를 처리하는 양자컴퓨터를 구축하는 데 가장 어려운 기술로 알려진 결잃음(decoherence)을 극복하는 방법을 발견했다면,

---

42) http : //www.dwavesys.com/
43) G. Brumfiel(2007a), O. Morsch(2007).

기술보호의 명목으로 외부에 공개하는 것을 꺼려할 수도 있을 것이다.

어찌 되었든 D-Wave 사가 자신들이 만든 양자컴퓨터에 대해 증명하지 않는 한 의심은 남게 될 것이다. 오리온이 2007년 초에 증명을 하기 위해 사용했던 문제는 지금 다른 평범한 컴퓨터로도 짧은 시간 안에 풀어낼 수가 있다. 이 말은 오리온이 양자컴퓨터일 수도 있지만 D-Wave 사가 세계 도처의 수백 명의 과학자들이 실패한 분야에서 홀로 성공을 거두었다는 것을 아직 그대로 믿기 어렵다는 의미이기도 하다. 아직은 기다리고 지켜보아야 할 것 같다.

양자계산의 상용화가 아직은 갈 길이 멀어 보이는 반면에 양자암호는 이미 실제화되고 있다. 스위스의 Idquantique 사, 프랑스의 SmartQuantum 사, 미국의 MagiQ 사의 세 회사는 이미 상업적인 시스템을 제공하고 있고 IBM 사, Toshiba, HP 사 등도 그들이 개발한 시스템의 상용화를 위해 연구와 프로그램의 발전을 수행하고 있다.

12.6 미래

"컴퓨터와 암호에 일어나고 있는 양자물리학의 혁명"이라는 이 책의 부제를 보고 여러분은 필자가 진행형의 시제를 선택한 것에 대해 의아하게 여겼을지도 모른다. 이 시제가 필요한 이유는 이제 명확해졌다. 지금까지 여러분에게 전달한 내용은 빙산의 일각일 뿐이며 미래의 아주 희미한 암시 정도에 해당된다고 할 수 있다. 지금으로부터 이삼 년 안에 이 책에서 설명한 많은 실험들이 고대 역사와 같이 될 수도 있다. 실제로 그렇게 되었으면 하고 바랄 뿐이다. 양자컴퓨터는 21세기를 개척하는 기술로서 급속한 진보를 이루고 있는 중이기 때문이다.

이 글의 마지막 탈고를 하면서 필자는 두 개의 과학 기사를 보았다. 그 중의 하나는 광학격자의 원자들로 구성된 SWAP 양자게이트의 실현에 대한 것이다. SWAP 게이트는 CNOT 게이트와 비슷하므로 양자컴퓨터를 구축하는 기본틀로서 사용될 수도 있다. 다른 기사는 서로 단일한 광자의 교환을 통해 소통되는 초전도체의 큐비트에 관한 것이다.[44] 이 두 개의 기사들은 양자컴퓨터를 구축하는 데 중요한 단계에 들어섰음을 시사하는 내용들이다. 그러나 그 둘은 각각 매우 다른 '하드웨어'를 사용하고 있다. 큰 돌파구에 해당하는 새로운 발견이 되어 양자컴퓨터의 미래가 결정되기 전까지는 이렇게 다각적으로 시도되는 실험적인 상황은 한동안 유지될 것으로 보인다. 이러한 실험과 발견은 하나의 견해로서 끝날 수도 있지만 모든 것이 완전히 뒤바뀔 수도 있다. 오스카 와일드(Oscar Wilde)가 "추측은 어렵다. 미래에 대해서는 더욱더 어렵다."라 하지 않았는가! 우리는 양자정보가 관계되는 흥분된 시대에 머물고 있음이 틀림없다. 그래서 미래의 전망은 밝아 보인다. 이 메모를 끝으로 우리의 양자계산과 양자암호에 대한 여행을 마무리하고자 한다. 이제 여러분이 '더 라이드'(롤러코스트와 유사함)의 속도를 즐기기를 바란다.

44) A. O. Niskanen, Y. Nakamura(2007).

용어풀이

덧셈 모듈러 2(addition modulo 2) : 2로 나누어 나머지인 모듈 2의 결과에 따르는 덧셈. 만일 비트가 모듈러 2로 더해진다면 가능한 결과는 $0 \oplus 0 = 0$, $0 \oplus 1 = 1$, $1 \oplus 0 = 1$, $1 \oplus 1 = 0$이다.

앨리스(Alice) : 양자암호에서 비밀메시지(또는 비밀키)를 보내는 사람

BB84 프로토콜(BB84 protocol) : 1984년에 찰스 베네트와 질 브라사드에 의해 만들어진 양자암호 프로토콜.

벨의 부등식(Bell's inequality) : 자연의 국소성에 대한 설명에서 상호작용의 가능한 한계를 기술하는 수학 공식.

이진법 코드(binary code) : "0"과 "1"의 문자열은 이진법 체계에서 수를 나타내는데 십진법처럼 10이 아닌 2의 멱으로서 수의 자릿수가 정해진다.

밥(Bob) : 양자암호에서 비밀메시지(또는 비밀키)를 받는 사람

고전컴퓨터(classical computer) : 오늘날 우리가 사용하는 형태의 컴퓨터로서 정보가 비트로서 처리된다.

CNOT 게이트(CNOT gate) : 2개의 큐비트 양자 논리게이트에서 만일 제어 큐비트의 값이 "1"이고 그 외의 아무 일도 일어나지 않는다면 표적 큐비트의 값이 플립되며 제어 큐비트의 값은 항상 변하지 않은 채 그대로이다. CNOT 게이트는 XOR 게이트의 양자 버전(그러므로 가역적이다)으로서 얽힘을 만드는 데 사용된다. 단일 큐비트 게이트에서는 원하는 양자알고리즘을 실현할 수 있는 양자게이트 한 세트를 만든다.

결잃음(decoherence) : 외부 환경과의 상호작용 때문에 양자중첩이 단일 상태로 붕괴되어 버리는 현상

도이치 알고리즘(Deutsch algorithm) : 단일 함수 호출을 통해 상수함수로부터 균등 균형함수를 구분할 수 있게 하는 양자계산 알고리즘(고전적인 알고리즘에서 요구되는 두 함수의 호출과는 다르다).

얽힘(entanglement) : 양자역학의 특성으로 먼 거리에 떨어진 대상이 "보통"의 중첩상태가 될 수 있는 양자역학의 특성. 얽힘상태에서는 어떤 물체에 대해서도 정확하게 성질을 파악해낼 수 없다. 측정이 이루어지는 순간 다른 물체의 특성이 즉시 결정되고 측정의 결과에 따라 서로 연관된다.

EPR 패러독스(EPR paradox) : 아인슈타인과 포돌스키와 로젠이 1935년에 주장한 것으로 국소성과 결코 화합될 수 없는 얽힘상태를 허용하기 때문에 양자역학이 불완전하다는 것을 보여준 이론.

이브(Eve) : 양자암호에서 도청자는 비밀 메시지나 비밀키를 가로채려 하는 사람

그로버 알고리즘(Grover algorithm) : 비구조화된 N개의 항목에서 특별한 항목을 찾는 양자계산 알고리즘으로 $N/2$이 아닌 $\sqrt{N}$ 단계로 수행된다.

하다마드 게이트(Hadamard gate) : 계산하는 기저상태를 변하게 하는 양자논리게이트로서 다른 말로 하면 양자상태를 45° 각도로 "회전"시키는 것이라고 할 수 있다.

논리게이트(logic gate) : 컴퓨터의 조립된 한 덩어리 구조로서 AND, OR, NOT와 같은 논리함수를 수행한다.

1회용 암호표(one-time pad) : 암호화하려는 메시지와 같은 길이를 갖는 비밀키로서 오직 한 번만 사용된다. 1회용 암호표를 바탕으로 암호기술은 절대적으로 도청에 대해 안전하다고 할 수 있다.

오라클(oracle) : 양자논리를 사용하는 함수값을 계산하는 "검은 상자"에 해당한다.

편광(polarization) : 광파의 전자기장의 진동 방향

큐비트(qubit) : 한 비트에 해당하는 양자. 고전적인 비트가 0과 1 둘 중의 하나라면 큐비트는 |0 >과 |1 > 상태의 어떤 중첩상태에 있을 수 있다.

양자알고리즘(quantum algorithm) : 양자계산을 실현시키는 한 세트의 양자 논리게이트. 양자알고리즘은 양자중첩과 양자간섭을 이용하는데 이로써 고전적인 컴퓨터가 요구되는 계산시간보다 더 짧아질 수 있다.

양자계산(quantum computation) : 양자역학의 규칙을 사용하는 계산. 양자계산은 양자병렬성을 통해 어떤 알고리즘을 빠르게 처리할 수 있는 양자중첩과 얽힘에 따라 결정된다.

양자암호(quantum cryptography) : 양자역학의 원리를 이용하여 교환되는 비밀키에 의한 방법

양자 조밀화 암호(quantum dense coding) : 한 개의 큐비트를 보내는 것으로 정보의 두 비트의 전송이 허용되는 기술로서 보내는 사람과 받는 사람이 같이 얽힘상태에 있는 양자 상태를 공유해야 한다.

양자 논리게이트(quantum logic gate) : 논리게이트의 양자역학적 버전. 양자 논리게이트는 항상 가역적이며 양자상태의 중첩을 처리할 수 있다.

양자 시뮬레이터(quantum simulator) : 잘 정의된 양자역학적인 문제를 푸는 "하드웨어로 구성된" 양자컴퓨터

양자병렬성(quantum parallelism) : 양자역학적인 중첩상태를 병렬처리하는 양자컴퓨터의 능력. 이러한 병렬성을 만들기 위해 측정하지 않고 마지막 상태로부터 정보를 추출하는 방법을 고안해내야만 한다. 그 이유는 측정 자체가 단지 하나의 답을 내어놓고 즉시 상태를 붕괴시키기 때문이다.

양자원격 순간이동(quantum teleportation) : 한 위치에서 다른 위치로 입자 자체의 움직임이 없이 입자의 양자상태를 전송하는 기술. 두 위치 사이의 "연결"은 공유된 얽힘상태에 의해 주어지게 된다.

미가공 키(raw key) : 양자암호학에서 받는 사람이 보낸 사람으로부터 도착한 광자를 매번 무작위로 선택한 측정기저로 측정함으로써 얻게 되는 비밀키.

RSA 암호화(RSA encryption) : 큰 수를 인수분해하는 난이도로 안전성이 보장되는 공개키 암호프로토콜

쇼어 알고리즘(Shor algorithm) : 어떤 한 수의 소인수 인자를 발견하기 위한 양자계산 알고리즘으로 1994년 피터 쇼어에 의해 처음 창안되었다. 쇼어의 알고리즘을 사용하면 수의 길이가 늘어남에 따라 다항식적으로 증가되는 시간 안에 소수를 발견할 수 있으나, 고전적 알고리즘에서는 시간이 지수함수적으로 증가하게 된다.

선별키(sifted key) : 양자암호전송에서 보내는 사람과 받는 사람이 서로 다른 편광 방향을 사용한 수신된 전체 키로부터 모든 비트를 지워버림으로 얻어지는 비밀키.

중첩(superposition) : 두 개 또는 그 이상의 양자상태가 동시에 존재 할 수 있으며 중첩은 측정이 이루어질 때 붕괴된다.

XOR 게이트(XOR gate) : 두 개의 입력과 한 개의 출력을 갖는 고전적 논리게이트. 만일 입력 중의 하나가 "1"이거나 또는 둘 다 "1"이 아니면 출력이 "1"이 되고, 그 외의 경우에는 "0"이 된다.

인터넷 참고자료

인터넷은 양자암호와 양자계산에 대한 가장 우수한 정보의 자원이다. 그 분야의 지식이 계속 변하고 있고 주제에 대한 관련서적이 인터넷의 월드와이드웹만큼 최신의 것이 아니라면 특히 인터넷의 정보는 더 필요하다. 그러나 유감스럽게도 어떤 전문가가 없는 경우에 검색창에 "양자계산"이라고 입력을 하면 검색결과는 1만 건에 육박하는 웹문서의 홍수 속에 전문적 수준에 해당하는 원하는 정보를 발견하기는 매우 어려울 수도 있다. 양자암호나 양자역학에 대해서도 일반적으로 이와 비슷하다.

여러분에게 이런 시작점을 제공하기 위해 필자는 유용하다고 생각되는 웹페이지를 수집하여 목록화하였다. 그 목록 중의 많은 자료는 대부분 일반인을 위한 글이며 다른 웹페이지로 연결되게 되어 있다.

일 반

http : //www.colorado.edu/physics/2000/index.pl?Type=TOC
http : //www.quantiki.org/wiki/index.php/Main_Page
http : //www.imaph.tu-bs.de/qi/concetps.html
http : //www.qubit.org/index.php
http : //www.openquestions.com/oq-te008.htm

양자암호

http : //magiqtech.com/
http : //idquantique.com/
http : //www.smartquantum.com
http : //www-users.cs.york.ac.uk/~schmuel/comp/comp.html
http : //www.theory.caltech.edu/~preskill/ph229/

양자계산

http : //www.dwavesys.com/

http : //computer.howstuffworks.com/quantum-computer.htm

http : //users.forthnet.gr/ath/kimon/CC/CCC1b.htm

http : //cam.qubit.org/

http : //qist.lanl.gov/qcomp_map.shtml

http : //www.iqoqi.at/

참고문헌

양자역학

기본서로는 많은 좋은 책들이 있다. 예를 들면 O. Mandel(1992), A.I.M. Rae(1992)와 R. Feynman 외(1966)를 들 수 있다.

양자계산과 양자암호

J. Brown(2000), G. Johnson(2004)과 S. Lloyd(2006)은 대중적인 과학서 수준이며 주로 양자계산에 대해 다루고 있다. 한편 S. Singh(2000)은 양자암호에 대한 훌륭한 입문서이다. 더 고급의 전문적인 지식을 원한다면 S. L. Braunstein(2001), M. Le Bellac(2006), C. H. Bennett와 D. P. Divincenzo(2000)과 D. Bouwmeester 외(2000)를 참고하면 된다.

찾아보기

ㅈ

A–X

기타

양자비트와 양자암호

– 컴퓨터와 암호에 일어나고 있는 양자물리학의 혁명 –

지은이 • 올리버 모쉬
옮긴이 • 김말진·김경헌
펴낸이 • 조승식
펴낸곳 • (주) 도서출판 북스힐
등록 • 제22-457호
주소 • 142-877 서울시 강북구 수유2동 258-20
www.bookshill.com
E-mail • bookswin@unitel.co.kr
전화 • 02-994-0071(代)
팩스 • 02-994-0073

2010년 4월 20일 제1판 1쇄 인쇄
2010년 4월 25일 제1판 1쇄 발행

값 14,000원
ISBN 978-89-5526-667-2